# 魅力是女人一生的修行

朱胜军 · 著

中国纺织出版社有限公司

## 内 容 提 要

女人的美是多样的，每一个年龄都有属于该阶段的美丽。事实上，让女人美丽的东西不一定与物质有关，但一定与其自身的素质有关。真正美丽的女人，都是那些情怀柔软、善解人意、知书达理、不抱怨、不霸道、不势利的女人。外表漂不漂亮不是主要问题，关键是你要让自己活得漂亮、活得丰富、活得健康、活得快乐、活得精彩。选择做个美丽的女人，女人也是可以一生美丽的。本书分为两篇十个章节，上篇对女人的魅力所在做了总结，下篇则包括服饰搭配、外貌管理、妆容设计、日常健身方案乃至一些生活小建议，详细介绍了提升女性个人魅力的具体途径。非常适合女性朋友作为想要提升个人魅力的日常指导。


**图书在版编目（CIP）数据**

魅力是女人一生的修行 / 朱胜军著. -- 北京：中国纺织出版社有限公司，2021. 4

ISBN 978-7-5180-8359-6

Ⅰ. ①魅… Ⅱ. ①朱… Ⅲ. ①女性—修养—通俗读物 Ⅳ. ① B825-49

中国版本图书馆 CIP 数据核字（2021）第 022909 号

责任编辑：顾文卓　　特约编辑：王蕙莹
责任校对：楼旭红　　责任印制：何　建

中国纺织出版社有限公司出版发行
地址：北京市朝阳区百子湾东里A407号楼　邮政编码：100124
销售电话：010—67004422　传真：010—87155801
http://www.c-textilep.com
中国纺织出版社天猫旗舰店
官方微博 http://weibo.com/2119887771
三河市宏盛印务有限公司印刷　各地新华书店经销
2021年4月第1版第1次印刷
开本：710×1000　1/16　印张：13.5
字数：200千字　定价：48.00元

# 前 言
## Forward

有一盏神灯，很多人都说，只要找到这盏神灯，神灯精灵就会满足这个人的所有愿望。

一个年轻人经过长途跋涉，终于找到了神灯。

见到神灯精灵后，年轻人说出了自己的终极愿望：“我想让世界上最有魅力的女子当我女朋友！”

神灯精灵答应：“好！”

等年轻人回到家乡，推门走进屋里的时候，一眼便看到了正在桌边做针线的女子。

女子看到他，露出惊喜的神色。年轻人喜不自胜。

有相邻问年轻人：“既然见到了神灯精灵，为何不跟他要点别的，比如金银财宝……要个女人回来，无端还多了一张嘴。”

年轻人默默地看了他一刻，说：“我就喜欢有魅力的女人，想娶这样一位女子为妻！”

邻人有些看不起他："没见过你这样的人！你也真敢说！"

看重外表好像给人一种很肤浅的感觉，但喜欢魅力女人的人，也不用感到羞愧，因为爱"魅"之心人皆有之。

有魅力的女人具有超凡脱俗的气质和动人的容颜，无论出现在任何地方，都会让人感到赏心悦目，人们自然也就愿意与之接触；与长相平平、邋里邋遢的女人比起来，人们自然都更加青睐有魅力的女人。

有魅力的女人从小就在赞美声中长大，能够获得更多的鲜花和掌声、赞美和簇拥，更会得到更多的追捧。

马斯洛理论告诉我们，世人都会将审美贯穿一生，多数人自然更乐意接受有魅力的女人。觉得"看女人不能只看外表、要看内在"的女人，不是不想让自己变得更有魅力，而是因为她太懒。

魅力，不仅表现为引人注目的外表，还体现为女人由内而外流露出来的个人修养。每个女人都有改变和提升个人魅力的需求和机会，只要身体力行地实践化妆、减肥、看书、旅游等，就能不断提升自己。

女人，都是有魅力的，都有属于自己的魅力优势，只要勤快一些，不怕麻烦，就能提升个人魅力，让自己的事业和生活更加一抹亮色。

# 目 录
Contents

## 下篇　将魅力当作毕生的事业

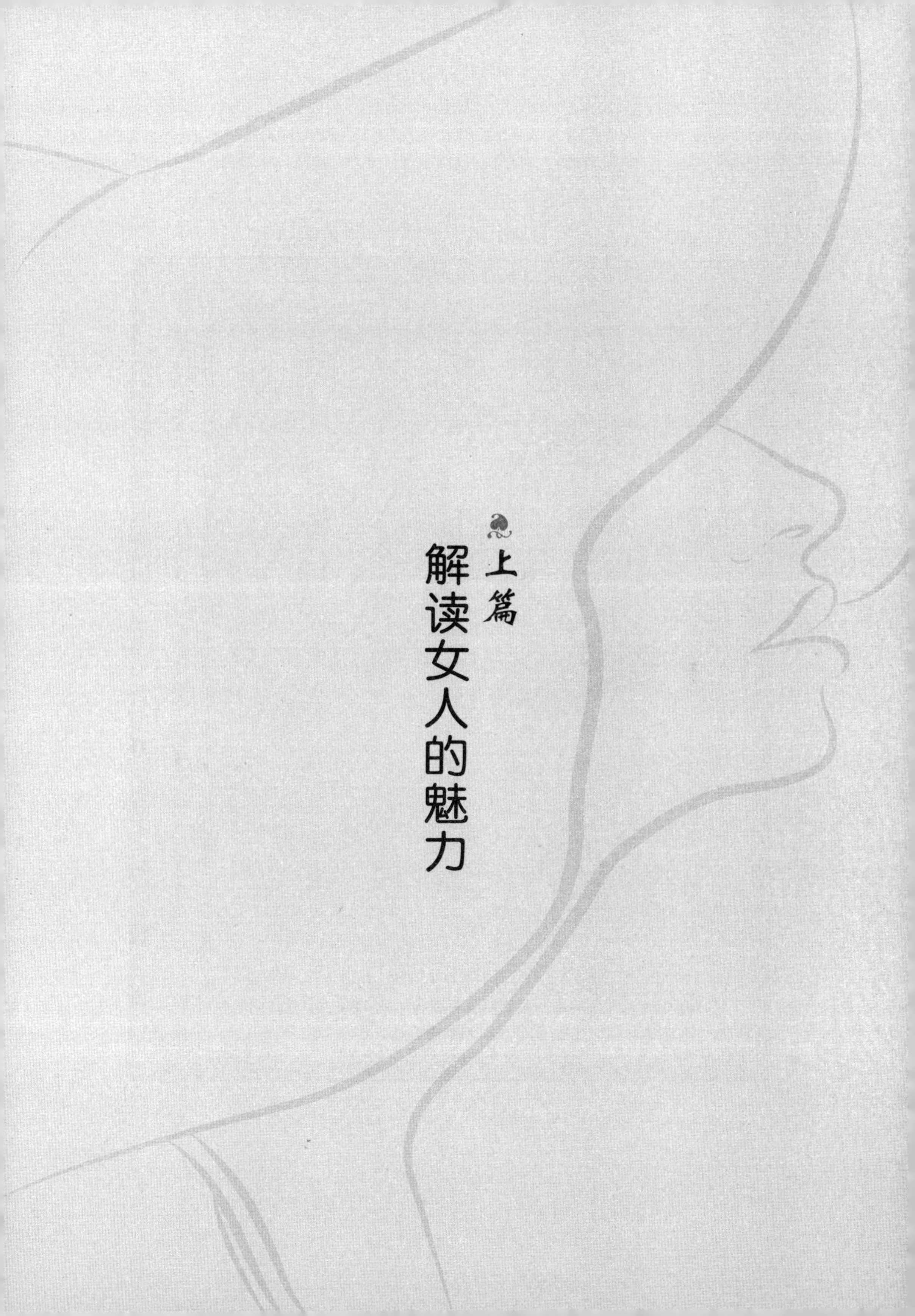

# 上篇

# 解读女人的魅力

# 第一章 女子之魅

# 魅力女人的感染力

对于女人来说，魅力的感染力到底有多大?

### ❀ 魅力女人更容易成功

在一次培训中，有人问我：女人最好的状态应该是什么样子?

我简单思考一下，给出了这样的回答：精神丰盈，内心充实，每时每刻都能用心面对生活；自强自立，人格独立，不用他人来证明自己的价值；不怕时间，不惧衰老，永远保持自信和坚强。

这样才是女人最好的状态，这样的女人也才是最有魅力的。

说到有魅力的女人，很多人都会想到杨澜，而杨澜也是我崇拜的女性之一。

杨澜身上有太多的标签和荣耀，她用自己的学识、能力和气质，影响着其他女性，被无数女性视为学习的楷模。

杨澜是中国知名主持人、媒体人、企业家。她主持过春晚，做过慈善，被福布斯评为“全球最有影响力的女性”之一。她有着独特的气质，无论在什么场合，都会以这种气质吸引众人，给大家留下深刻的印象。

杨澜独立、智慧、优秀、自信，是个很有感染力的人。她认为，女人需要做一个“Big Girl”，拥有大格局、大视野。她访谈过很多业界知名企业家，在面对他们的时候，她始终从容淡定，永远都是面带微笑。

杨澜曾说：“一个女人最大的魅力是成长，生活中有很多东西是难以把握的，唯有成长可以把握，可能有人会妨碍你成功，却没人能够阻止你的成长。”

女人的成功取决于她的态度、为人处世的方式，以及她对生活的态度。杨澜身上有很多值得我们学习的地方，如今的她依然自信，魅力四射。

### 魅力女人的特质

一个女人的魅力，绝不仅只是外貌。她身上从内而外散发出来的气质才是真正的魅力所在。她们或优雅清新，或雍容华贵，或娇羞可怜，或活泼朝气。魅力女人，通常都会具有以下特点。

1. 有品位

魅力女人都是有品位的。如，有的像玫瑰花般高贵，有的像百合花般纯洁，有的像丁香花般孤傲……从魅力女人身边走过，人们仿佛能闻到淡淡的芳香，令人神清气爽。有品位的女人衣着得体，谈吐大方；言语温和，待人和善。空闲时间，她们还会静静地坐在软椅上，喝杯清茶，品读书卷。她们就像一本书，引人入胜。

2. 有思想

善于思考的女人，一般都有内在的力量、睿智而善解人意。

在家庭生活中，这样的女人一般都温柔贤惠，具有大局观。她们从不会将男人看成是自己的私有财产，更不会想菟丝花一样依附于男人；她们体谅男人的辛苦，不会轻易抱怨。

职场中的魅力女人，独立干练，对商机具有着极强的洞察力，能够运筹帷幄，在危机中寻找转机；她们独立果敢，能够和同事和谐相处，获得同事的信赖和肯定。

女人的魅力，绝不仅是只看外貌，浑身上下从内而外散发出来的气质、修养才是真正的魅力所在。

## 做一个具有感染力的魅力女人

1. 魅力女人的 6 个特征

有魅力的女人人见人爱，花见花开，这是有一定依据的。因为，有魅力的女人确实有特别吸引人的地方，主要表现在以下 6 个方面。

笑容，给人以温暖。笑容是魅力女人最重要的特征，她们的笑容是发自内心的，不含任何的假象。笑容甜美的女人，运气一般都不会太差；发自内心的笑容，总会给人以温暖。

酒窝，给人以甜蜜。酒窝，是传统东方美女的象征，很多魅力女人都长着酒窝，笑起来甜甜的，会让人产生一种亲切感。

唇珠，湿润甜美。唇珠是在上嘴唇的正中央，即人中下面的部分，呈珍珠一样圆润的突起。这种唇部看起来饱满，更有立体感。

美人沟，神迷性感。美人沟，即在下巴中间的一条浅浅的沟。这种外形很符合古典美人的特质，而拥有美人沟这种外形的人却很少，这也是魅力女人的一大特征。

锁骨，为女人加分。锁骨窝深浅适度，锁骨线条清晰、平直，漂亮的锁骨会为女人的仪态加分。

马甲线，让女人看上去更健康。没有赘肉的腹部加上流畅的肌肉线条，是平腹的最高境界。拥有马甲线的女人通常都阳光开朗，更为健康向上。

### 2. 女人的感染力

魅力女人的美是通过视觉来感知的，魅力女人都拥有一种由内而外散发出来的感染力。那么，魅力女人的感染力如何体现呢？

赏心悦目。女人，不是生下来就有魅力的，吸引他人的地方首先在于赏心悦目。赏心悦目不是过于注重自己的美丽，而是尽可能地把自己打扮得美好、干净、精致、时尚、和谐、令人愉悦，能够让人联想到美好。能让人联想到美好的女人，一般都富有魅力。

神态矜持。所谓矜持，就是珍重自我，是一种不轻易的流露。女人气质的最佳体现是矜持。如何做，才显矜持？一举手、一抬头的犹豫，说话前的思索，走路时的小心，听到笑话后的微笑，无不体现了魅力女人的矜持。

待人真诚。如果有人帮助自己，会真诚道谢；对不想接受的约会，会真诚谢绝，不会绞尽脑汁地寻找借口；对朋友的成绩，会真心地喝彩；与陌生人相处，会报以真诚的微笑。

富有情趣。情趣可以是高雅的，也可以是庸俗的，但是不可以没有。一个有情趣的女人，往往是一个快乐的女人，甚至还是一个能够创造快乐的女人。这样的女人，大家都愿意结交。

如果在你的身上也存在这些特质，那么你就是一个极具魅力的女人！

## 魅力女人能够胜在起跑线上

魅力，是一封无声的推荐信。虽然人们总是信誓旦旦地说“看人不能只看外表”，但目光最先注意到的依然是女人的外在。对于女人来说，魅力是巨大的优势，往往可以帮助女人赢得先机，胜在起跑线上。

### 魅力女人更容易给人以好的第一印象

有魅力的女人，能够给他人留下良好的第一印象，做起事情来也会容易一点。

某公司招聘前台，甲乙两位女孩面试。两人能力相当，公司却优先考虑了长得漂亮的那个。有人问经理为什么？经理是这样说：“因为前台是公司门面，长得漂亮的女孩赏心悦目，能给公司增加活力，还能给客户留下好的印象。”

现实中，很多公司在招人的时候，也确实会考虑外在条件。

如今，在某些场合，颜值已经演变为一种实力。在某些时候，颜值确实能成为提高个人吸引力的一大法宝。想象一下：如果办公室中都是美女，视觉上是不是就会感觉十分舒服？更容易提升整体士气，提高工作效率。

### ❀ 魅力女人更容易赢得他人的信任

富有魅力的女人，做事更容易事半功倍，更容易得到他人的信任。

一位经理发现，每次派美女同事去谈合作，成功率就会更高。一次，公司要谈一个重要的项目，公司特意选了几个魅力十足的代表去谈合作事宜，结果只去了一次就谈成了。竞争对手感到很好奇，调查后发现，原来自己居然就输在派出的代表上。

这里，我们不是说普通的女人能力就一定不行，而是魅力四射的女人具有更多优势，做事往往更容易一些。

为了提升公司形象，很多单位或企业都愿意吸收美女或帅哥加盟，在和客户初次接触后给客户留下美好的第一印象，然后在由表及里，才会感受到公司的“美”与实力，从而最终促进成交。

### ❀ 有味道的女人最美

其实，近代已经出现了很多优秀女性，她们不仅长才、巨识、大志、深情，还有抱负、有担当、有胆魄、有度量、有心劲；她们活得更狂姿、更奔放、更张扬、更热烈，比如，“休言女子非英物”的秋瑾，“甘将热血沃中华”的赵一曼……在她们身上，奇才异能，奇情异趣，对他人有着巨大的吸引力。

如今，女人的地位越来越高，那么，什么样的女人才最有魅力呢？有味道的女人最美。漂亮的容颜只能存在一时，随着岁月的流逝，容颜都会逐渐衰老，女人的魅力还体现在学识、阅历、才情、气质等。

女人可以是柔弱的，也可以是刚强的；有的柔情似水，有的则刚烈如火。智慧的女人、高雅的女人和优美的女人，都是人间的绝佳风景，都是充满魅力的女人。

要想成为有魅力的女人，就要拿得起、放得下；要走得进、离得开；要有气质、有情趣；要敢担当、敢拼搏。

不要为拥有美丽的外表而陶醉，因为内在的美丽才是永恒。女人，一定要相信自己，一定要依靠自己，一定要提升自己，做一个有魅力的女人！

# 魅力女人是最靓丽的风景

“爱美之心，人皆有之”，作为女人，天生都要有一颗爱美之心。

在人们感叹“岁月催人老”时，对于注重保养的女人，岁月并不会在她们的脸上留下痕迹，而是会散发出成熟女人的知性优雅。对于不施粉黛又疏于保养的女人，只能让皱纹过早地爬满额头。

事实证明，魅力女人总是惹眼的，只要她们往那儿一站，就是一道靓丽的风景。

## 自律的女人更有魅力

婚前，李萌很爱打扮，恋爱中的她更是如此，每天都将自己打扮得光彩照人。孩子出生后，李萌忙于照看小孩，无暇照顾自己，不化妆、不穿时尚衣服……每天都是胡乱梳梳头、洗洗脸了事。丈夫出门聚会，她几乎不会跟随，丈夫也不会主动带她。李萌看着镜中的自己：不施粉黛，满脸憔悴，穿着宽松睡衣……她扪心自问：这种女人，连自己都不想多看一眼，何况是他人？

意识到这一点后，李萌改变了生活习惯：早起20分钟，洁面、上妆，挑选一套大方合体的衣服，配上淡淡的笑容……当李萌以崭新的面貌出现在客厅时，丈夫顿时感到耳目一新。

只有自律的女人才配得上拥有一切美好，只有自律的女人，才能吸引他人的注意力。自律的女人，才能更具魅力。

### ❀ 魅力女人更吸引人

美能让人心生愉悦，是对美好事物的一种感知，魅力女人多半都能让人产生愉悦感，由此，人们自然也就更喜欢看有魅力的女人。

有魅力的女人犹如一道靓丽的风景，看在眼里，美不胜收。无聊的时候看看美女，总会觉得心旷神怡，赶走内心的空虚感。

魅力女人从身旁经过，很多人都会目不转睛，注目远送，甚至还会产生想要去搭讪的冲动，就是因为这样的女人能给人以精神上的安慰。

### ❀ 魅力女人是最亮丽的风景线

有魅力的女人，是一道美丽的风景线。不管何时何地出现，她们都能将人们的注意力吸引过去。看到她们时，人们都会产生一种美的体验。

有魅力的女人，心性善良。“人之初，性本善”，善良是上天赋予人们最初的特质，可是，随着年龄的增长和阅历的增加，人们的心灵或多或少地会受到染污。然而，有魅力的女人永远是善良的，她们心里充满了爱，一只小猫、一条小狗、一只麻雀甚至一棵小草，在她眼中都是可爱的小生命。她们将善良刻在骨子里，心中充满大爱，眼睛明亮，笑容灿烂，心思简单，不会伤害任何人和小动物；她们不会算计任何人，只会对他人真心相待，即使被人误解、被人伤害，依然会宽厚待人。

有魅力的女人，心性干净。有魅力的女人喜欢干净，不管是豪门宅第，还是农家田野，总能保持干净无染的样子。她们不需要浓妆艳抹，不需要华服宝饰，即使是清净素颜、粗布衣衫，也能活出清水出芙蓉般的干净飘逸。她们心性干净，生活中多了几分不食人间烟火的仙气，能够将自己的小日子过得透彻而娴静。

有魅力的女人，心性阳光。有魅力的女人，内心都充满了阳光，浑身充满了正能量。她们心里只保存美好的东西，没有为阴暗的东西留下一丝丝的缝隙。她们的眼睛，只盯着别人的好，心里只念着别人的情义。即使被他人为难，她们也只会相顾一笑，让一切随风而去。她们心性阳光，活得自在，活得洒脱。

有魅力的女人，心性柔软。女人是用水做的，有魅力的女人更将水的柔软和包容发挥到了极致。她们不污不浊，不嗔不怒，能够用温柔的内心对待自己、家人和朋友，对每个遇见的人都待以温柔。她们自带柔和的光芒，心性柔软善良，更懂得包容别人，自己则显得更加温婉美丽。

有魅力的女人，心性淡泊。在这个世界上，存在很多诱惑，有魅力的女人从来不会贪图这些。她们安心地活着，即使生活清贫，也能从中找出一种另类的甜；而在甜蜜的日子里，她们则过得更加洒脱，心性淡泊，岁月静好。

有魅力的女人，内心丰富。有魅力的女人，内心五彩斑斓。她们异常热爱生活，即使是一粒石、一棵木、一朵花、一株草、一缕风、一滴雨、一场雪、一轮月，都能赋予诗意与生命力。她们在生活中惬意地活着，灿烂而美丽。

无论走到哪里，有魅力的女人都能引来人们的欣赏和赞叹。有魅力的女人，永远都是一道美丽的风景线！

# 魅力是女人提升气质的必修课

魅力，更能提升女人的气质！

三分长相七分态，气质女人的相貌也许并不特别出众，但其一言一行、一颦一笑，都蕴含着独特的魅力，让人越看越觉得漂亮。气质卓越、素养极高的女人，都能由内而外散发出来一种魅力，也最容易获得幸福。这种无形的魅力，会随着时间的流逝更恒久、更动人，更加丰满有韵味。

## 气质女人面面观

气质女人都具有哪些特征呢？以下五大特征，只要具有三个以上，就是有气质的女人。

与书相伴。对于女人来说，外貌的漂亮只是一时的，要想获得永久的漂亮，离不开内在的涵养。有涵养的女人就像一本永远读不腻的书，即使经常翻看，也不会令人生厌，总会给人带来意外的惊喜。多读书不仅可以丰富内涵修养，还能使眼睛变得更加明亮。女人可以用化妆来美化自己，但心灵却无法化妆。眼睛是心灵的窗户，长得再

漂亮，眼睛却空洞无物，也是很悲哀的事。要想让眼睛里有星辰大海，就得多读书，一点点积累。书读得少，即使外在的东西练习得再多，也没有内涵。而一个长相普通的女人，只要常读书，一开口，就能体现出与众不同的气质。

装扮别致。气质也分很多种类，比如：张扬、温婉、灵性、清秀、妩媚……还有一种就是无法达到的高贵。气质的外在表现主要是穿衣打扮，由于留给人第一印象的时间基本只有 3 ～ 5 秒，在这么短的时间内，只能靠外在打扮来体现自身气质。人靠衣装，即使是再普通的女人，经过一番打扮后，也能让人觉得心旷神怡。

语言得体。气质美女一般都不会唠唠叨叨，她们说到做到，给人一种成熟沉稳的感觉，让人感觉更踏实。语态得体的女人，不仅不会在背后嚼舌根，说话做事更是一诺千金，如果自己做不到，绝不轻易许诺。守信的女人，语态端庄的女人，气质自然也会提升。

体态美好。对于女人来说，体态非常重要，妆画得再美，弯腰驼背，也会直接影响整个人的气质。身形肥胖，即使穿再好的衣服，效果也会大打折扣；体形太瘦，则会给人一种病态的感觉。仪态端庄、优雅的女人，举手投足间都能显露出个人的涵养。体态美好的女人，更像一幅画，令人不愿意离开。

喜欢微笑。有魅力的女人从不会吝啬自己的笑容，她们会用积极的态度对待生活，给人阳光乐观的感觉，让人心情舒畅。

### ❀ 气质好的女人都顺眼

有些气质女人也许相貌并不是特别出众，但其一言一行、一颦一笑，都能体现出魅力女人脱俗的气质和良好的修养，展现出独特的魅力，而这种美无时无刻不在吸引着我们。

有气质有素养的女人，才是最容易获得幸福的人。她们的魅力深入灵魂，随着时间的流逝会更恒久、更迷人。那么，在日常生活中，如何做才能让自己慢慢成为一个有气质的女人呢？

穿着讲究。穿衣打扮可以直接体现女人的品位与魅力，得体的打扮不仅是对自己的尊重，更是对他人的尊重。女人可以不够漂亮，衣服也不需要多贵重，但一定要穿着得体，懂得在什么场合下穿什么衣服。如此，不仅能反映女人的智慧和体贴，还能展现出女人端庄大气的一面。有气质的女人，穿衣服一般都很有讲究，她们会根据自己的身材、性格和气质等方面，去选择适合自己的衣服，不会随意跟风，盲目消费。

重视礼仪。有气质的女人，不在于衣着是否华丽，也不在于拥有多少财富，而在于她日常的言行举止。生活中，有些女人乍一看给人的感觉还不错，可说话没轻重，粗话连篇，即使脸蛋再漂亮，也会让人不自觉地避而远之。言行举止有礼的女人，不仅不会喋喋不休，姿态上也优雅端庄，举手投足间都会显露出个人的涵养。走路的时候，她们不会含胸驼背，会自信地挺胸抬头；坐的时候，她们也会时刻注意姿态，让人感觉非常舒服。

爱书读书。“腹有诗书气自华”，要想做一个气质美女，就要多读书，逐渐丰富自己的内涵修养，让自己的心灵得到不断净化。

女人外表的漂亮是一时的，想要得到永久的魅力，就要不断地提升内在，需要长时间的锻造和修炼。

### 无论何时，都不要放弃对魅力的追求

魅力是女人一生的必修课，有魅力的女人不仅更能吸引他人的目光，自己的生活也会更有品质。

无论何时，都要活成自己最好的模样；不管何地，都不能放弃对魅力的追求。

曾经听过一句话：“女人，20 岁活青春，30 岁活韵味，40 岁活智慧，50 岁活坦然，60 岁活轻松，70 岁就成无价之宝。”无论处于人生的哪个阶段，女人都有追求美的权利。而真正的魅力，不仅仅是精致的面容和时尚的打扮，还有那颗从容老去、始终有魅力的心。

年轻时的魅力固然是岁月的恩赐，美得自然，美得发光，但是年华不再，还能保持魅力的女人，才是真正的美人。这个时候的女人，美得自信，美得耀眼。

女人，无论什么时候，都不要放弃对美的追求！

# 第二章

# 世人推崇的东方女性之美

# 低头间彰显温柔

《沙扬娜拉——赠日本女郎》是“新月诗派”代表诗人徐志摩于1924年随印度著名诗人泰戈尔访问日本，与一位日本女郎分别时所作。

最是那一低头的温柔，
像一朵水莲花不胜凉风的娇羞，
道一声珍重，道一声珍重，
那一声珍重里有蜜甜的忧愁——
沙扬娜拉！

1924年5月，泰戈尔和徐志摩一起到日本游历。这次日本之行，徐志摩感触颇深。回国后，他立刻撰写了《落叶》一文，称赞了日本人民在经历了毁灭性大地震后万众一心重建家园的勇毅精神，并呼吁中国青年要以积极的态度对待人生。这次出游的另一个收获便是诗歌《沙扬娜拉》。

这首诗以简练的笔法，给读者留下了较大的想象空间。

“最是那一低头的温柔”，表现了诗人对日本女郎柔情蜜意的深深眷恋，这里没有具体描写日本女郎的容貌，而是着重描写女郎的动作，生动地呈现出日本女郎娇柔美丽、温婉含蓄、略带羞涩的神姿丰态。与诗人分别之际，这位日本女郎似乎有很多话想说，又羞于启齿，只能含情脉脉地低头鞠躬。那种欲言又止的举动，正表现了日本女人的贤淑、温存与庄重。

“像一朵水莲花不胜凉风的娇羞”，这里诗人用水莲花在凉风吹拂下的颤动作比，突出了日本女郎的妩媚风致，刻画出女郎的娴静与纯美。这句诗表面上在写女郎弱不禁风，其实是为了衬托女郎的内心痛楚，气氛孤单凄凉。文字虽简练，读者却能在字里行间想象出貌美如花、冰肌玉骨的日本女郎，如同她正静静地站在自己面前一样。她也许头束发髻，身穿华服，衣冠楚楚，美丽动人……这种描写手法，不仅拓展了读者的想象空间，使读者产生了无尽美好的遐想，更给人以美的享受。

“道一声珍重，道一声珍重”，即将离别，女郎感慨万千，却只能用一声声的“珍重”来表达，虽有万般难舍，但终要分别，不仅成功地点了主题，还把女郎声声嘱咐的眷念传达出来。

“那一声珍重里有蜜甜的忧愁”，这句诗表达了作者和日本女郎恋恋不舍、依依惜别的场景，感情真挚，不忍分别，忧伤的情绪跃然纸上，感人至深。

“沙扬娜拉”是日语中“再见”的音译，使日本女郎真实的形象再次呈现，不但充满异国情调，还深化突出了诗的主题内容，提升了诗歌的文化品位。

这首诗微妙而逼真地勾勒出送别时女郎的形态和内心活动。虽然只有寥寥数语，但语言和动作的融合，还有缠绵的情意，女郎的形象呼之欲出，充分显示了诗人传神的艺术功力。通过鲜活的语言，女郎的神情魅力更是跃然纸上。

## 巧笑倩兮，美目盼兮

《硕人》是《诗经·卫风》中的一首，主要是为了赞美是齐庄公的女儿、卫庄公的夫人庄姜。其中“巧笑倩兮，美目盼兮”是对庄姜之美的精彩刻画，定格了中国古典美人的曼妙姿容，所以备受世人推崇。

硕人其颀，衣锦褧衣。齐侯之子，卫侯之妻，东宫之妹，邢侯之姨，谭公维私。

手如柔荑，肤如凝脂。领如蝤蛴，齿如瓠犀，螓首蛾眉。巧笑倩兮，美目盼兮。

硕人敖敖，说于农郊。四牡有骄，朱幩镳镳，翟茀以朝。大夫夙退，无使君劳。

河水洋洋，北流活活。施罛濊濊，鳣鲔发发，葭菼揭揭。庶姜孽孽，庶士有朅。

诗歌的大意为：

身形修长的女郎，麻纱罩衫锦绣裳。她是齐侯的爱女，她是卫侯的新娘，她是太子的胞妹，她是邢侯的小姨，谭公是她的姊丈。

手像春荑好柔嫩，肤如凝脂多白润。修长白颈似蝤蛴，齿若瓠子最齐整，额角丰满眉细长。嫣然一笑动人心，秋波一转摄人魂。

好个高挑的女郎，车歇郊野农田旁。看那四马多雄健，红绸系在马嚼上，华车徐驶往朝堂。诸位大夫早退朝，今朝莫太劳君王。

黄河之水白茫茫，北流入海浩荡荡。下水渔网哗哗动，戏水鱼儿唰唰响，两岸芦苇长又长。陪嫁姑娘身材高，随从男士貌堂堂。

## ❀ 诗歌中女人的极致美貌

《卫风·硕人》使用铺陈手法，描写了关于庄姜的方方面面。

第一章，主要说了她的出身。三亲六戚，父兄夫婿，都是各诸侯国有权有势的人物，她是一位门第高华的贵夫人。

第二章，主要描写了庄姜的美貌。这里使用铺叙手法，以六个生动形象的比喻，刻画了她艳丽绝伦的相貌——柔软的纤手，鲜洁的肤色，修美的脖颈，整齐的牙齿，丰满的额角，修长的眉毛，简直就是完美的女子形象。

第三、第四章则主要写了婚礼的隆重和盛大。第四章，七句之中连续六句用了叠字：洋洋洒洒的黄河之水，浩浩荡荡北流入海；撒网入水的哗哗声，鱼尾击水的唰唰声，河岸绵绵密密的芦苇荻草，旁边的男傧女侣像庄姜一样修长俊美，从侧面烘托了陪嫁队伍的出声势浩大。所有的这一切，都或明或暗地衬托着庄姜的天生丽质。

此诗开启了后世以博喻写美人的先河，受到人们的推崇和青睐。通过动态描写，使人物更加鲜活，气韵生动，性灵毕现。在生活中，一位体态、五官都无可挑剔的丽人固然能给人留下较深的印象，但那似乎漫不经心的嫣然一笑、含情一瞥更能使人久久难忘。

在此诗中，“巧笑”“美目”二句是整首诗的点睛之作，“倩”“盼”二字尤富表现力。古人释“倩”为“好口辅”，释“盼”为“动目也”；“口辅”指嘴角两边，“动目”指眼珠的流转。可以想象，庄姜的笑靥是多么楚楚动人，秋波是如何顾盼生辉，千娇百媚，激发人们对美的联想和想像。

# 淑美的女人最婀娜

## 洛神赋（节选）

余告之曰：其形也，翩若惊鸿，婉若游龙。荣曜秋菊，华茂春松。髣髴兮若轻云之蔽月，飘飖兮若流风之回雪。远而望之，皎若太阳升朝霞；迫而察之，灼若芙蕖出渌波。秾纤得衷，修短合度。肩若削成，腰如约素。延颈秀项，皓质呈露。芳泽无加，铅华弗御。云髻峨峨，修眉联娟。丹唇外朗，皓齿内鲜。明眸善睐，靥辅承权。瓌姿艳逸，仪静体闲。柔情绰态，媚于语言。奇服旷世，骨像应图。披罗衣之璀粲兮，珥瑶碧之华琚。戴金翠之首饰，缀明珠以耀躯。践远游之文履，曳雾绡之轻裾。微幽兰之芳蔼兮，步踟蹰于山隅。于是忽焉纵体，以遨以嬉。左倚采旄，右荫桂旗。攘皓腕于神浒兮，采湍濑之玄芝。

我告诉他说：她的形影，翩然若惊飞的鸿雁，婉约若游动的蛟龙。容光焕发如秋日下的菊花，体态丰茂如春风中的青松。她时隐时现像轻云笼月，浮动飘忽似回风旋雪。远而望之，明洁如朝霞中升起的旭日；近而视之，鲜丽如绿波间绽开的新荷。她体态适中，高矮合度，肩窄如削，腰细如束，秀美的颈项露出白皙的皮肤。既不施脂，也不敷粉，发髻高耸如云，长眉弯曲细长，红唇鲜润，牙齿洁白，一双善于顾盼的闪亮的眼睛，两侧面颧下甜甜的酒窝。她姿态优雅妩媚，举止温文娴静，情态柔美和顺，语辞得体可人。她的服饰奇艳绝世，风骨体貌与图上画的一样。她身披明丽的罗衣，带着精美的佩玉。头戴金银翡翠首饰，缀以周身闪亮的明珠。她脚著饰有花纹的鞋子，拖着薄雾般的裙裾，隐隐散发出幽兰的清香，在山边徘徊倘徉。忽然又飘然轻举，且行且戏，左面倚着彩旄，右面有桂旗庇荫，在河滩上伸出素手，采撷水流边的黑色芝草。

《洛神赋》为曹植辞赋中的杰出作品。作者以浪漫主义的手法，通过梦幻的境界，描写了人神之间的真挚爱情，但终因“人神殊道”无法结合而惆怅分离。

诗人从京城洛阳启程，打算回封地鄄城。结果途中走到洛川边际，他停下了脚步，阳林漫步时，看到了洛神宓妃。她的体态摇曳飘忽，就像一只惊飞的大雁；婉曲轻柔，如同水中的游龙，鲜美华丽，姣如朝霞，纯洁如芙蓉，风华绝代。他对洛神一见钟情，托水波以传意，寄玉佩以定情。可是，洛神神圣高洁，使他不敢造次。而洛神终被他的真情所感动，与之相见。只不过由于人神殊途，两人终究无法厮守，只能不舍分别。该诗想象绚烂，浪漫凄婉，令人感慨。

赋中对洛神的体型、五官、姿态等进行了详细描写，读者很容易窥探到洛神的昳丽之容和婀娜之姿。同时，又有“皎若太阳升朝霞”“灼若芙蕖出渌波”般的高洁气质。尤其是那段与洛神同游时的神态的描写刻画，更如同真人般浮现于眼前，风姿绰约。

## 佳人绝世而独立

北方有佳人，绝世而独立。
一顾倾人城，再顾倾人国。
宁不知倾城与倾国？佳人难再得。

北国有一位美人，姿容举世无双，娴雅之性超俗而出众，她不屑与众人为伍，无人知己而独立。她看守城的将士一眼，就会让将士弃械，墙垣失守；她对君临天下的皇帝瞧一眼，就会让皇帝倾心，国家败亡。即使如此，他们也想拥佳人入怀。美好的姑娘世所难遇啊！

这首诗歌的起句平平，直接对“佳人”进行夸赞，没有渲染铺垫，但意蕴非同凡俗。此歌以“北方”二字领起，开笔就给歌颂的佳人带来了一种与南方迥异的晶莹素洁的风姿。

北方的佳人千千万，而此歌所瞩意的，则是万千佳人中“绝世独立”的一人。

“绝世”夸赞了她的姿容出落之美，举世无双。

“独立”夸赞了她的幽静娴雅之性，简直超俗出众。“绝世而独立”则告诉我们，佳人不愿意跟众人为伍，没有知己，独立栏杆。

“一顾倾人城，再顾倾人国”是说北方佳人脱俗可爱，以至于只要对守卫城垣的将士瞧上一眼，便能令将士弃械、墙垣失守；倘若对君临天下的君王秋波一转，很可能就会亡国灭宗。佳人的顾盼之美跃然纸上。

“宁不知倾城与倾国？佳人难再得。”这种风姿美得令人生畏，更让人心驰神往。如果美好的事物都可近易得，恐怕就没有这种摄人魂魄的吸引力了。

# 第三章

# 现代流行美的趋势、变化、现象和规律

# 人们对美的理解正在改变

对于“美”，不同时代的人都有自己的理解，用老辈人对美的看法来衡量现在的美，那就错了！现代人对美的理解正在悄然发生改变。

## 美的定义

咨询公司欧睿国际发布的《2018年美妆行业洞察报告》，该报告调查了全球20个国家和地区市场的2万名消费者，得出如下几个结论：

对多数人来说，“美”代表着健康。研究发现，“美”是内外部特征的综合体现：半数人认为，“看上去健康”和“皮肤干净”是美的主要特征；45%以上的人觉得，“皮肤感觉舒服”是美的主要特征。

在调研中，有些人依然觉得“外表迷人”“被外人认可”和“享有崇高的社会地位”是美女的标志。甚至超过35%的人认为“外表迷人”“被外人认可”和“享有崇高的社会地位”非常重要。

## ❀ 爱美之心，人皆有之

虽然每个时代，人们对于美的内涵、美的意识、美的观念的看法都有所不同。但是，无论人类对美的观念如何发展、如何变化，总有绝对的、不变的、永恒的东西存在，即人的情感力量、心智、人格、精神和艺术美感、道德感等。所以，只有坚持内心的充实，才不会盲目地去追求表面看起来美丽，实质却丑陋的东西。

爱美之心，人皆有之！不同的时代有不同的审美标准，但古今中外公认的尺度是外表美和内在美的统一，在注重外表美的同时，更珍视内在美，内外统一才是美的极致。

美有很多形态，很多层次。有阳刚之美、温柔之美、慈爱之美，还有艺术之美、劳动之美、智慧之美。忽视了健康的、内在的、高雅的、深层次的美，是不健康的。化妆只能改变气色，却不能改变个人的气质。

人造美女只是改造外表，却并未改造自己的内在，因此，即使拥有倾国倾城的外貌，也经不起岁月的侵蚀、磨砺。唯有内在的美才能超越时空，成为流传千古的美丽。

## ❀ 人们对美的理解正悄然发生改变

朱光潜先生说：“美是物和你，客观的存在，加上审美的眼睛，才能看到美的存在。”“美”可以分为两类：自然固有之美和人类介入的人文之美，两种美都由人类定义和审视，都存在“人”化。

“美”的事物可以脱离人而存在，但美感产生的过程是人类的一种活动，是人类定义了美，既然要谈美，就要关注人。

追溯美的定义，西方哲学最早关于“美”的讨论来自柏拉图的《大希庇阿斯篇》。文中借苏格拉底之口，提出了“美是有用的”“能够产生有益的结果的事物就是美的”以及“美是视觉和听觉上的快感”等几种观念。后来，柏拉图完善和修正了这些理念，提出了“美是理念”的概念，将美当作了一个不生不灭、独立存在的至高形式。

康德说过，美的感受是受情绪冲动的初体验，再加上高级意识的重新评估生成的。每个人的意识不同，对“美”的审视角度也就不同，但人类在长期发展中形成了社会性、稳定性等特性，让作为审美主体的人类，在审美观念上存在着趋同。

身边很多人对审美的理解是：“我觉得好看就行了，别人觉得好看不好看关我什么事？”笔者认为，过于泛滥的个人主义审美产生的后果会是“少数人的审美自由，与大多数人的附和（被自由）”。

美作为一种永恒的存在，必定处于一种“流动”状态，而不是固态的。美的永恒实现必须适应社会的发展，因此古往今来人们对美的审视也发生了各种改变，比如，对人体美的审视上有“环肥燕瘦”等说法。纵向来看，美，不是一成不变的，总是发生着各种改变。

## 人们的审美标准不同以往

古代人有自己的审美标准，现代人也有自己的审美标准，二者不能相提并论。

### 历史各朝代推崇的美女特质

汉代女人以柔弱优雅为美，且特别注重服饰装扮。《孔雀东南飞》中就有描写汉代女子的诗句："指如削葱根，口如含朱丹。纤纤作细步，精妙世无双。"这四句诗就很好地诠释了汉代女人的形态美。

唐代女人以胖为美，雍容富态、额宽、脸圆、体胖、健康，是当时人们推崇的美。同时，唐代社会风气开放，允许女人袒胸、露臂。四大美女之一的杨玉环就是盛唐时期胖美人的典范。

宋代，受到观音菩萨形象的影响，女人开始走向淡雅纯朴之美。因此，宋代的美女多数都比较文弱，盛行缠足。晏几道就有一首词是写李师师的，"远山眉黛长，细柳腰肢袅"，就是宋代美女很好的体现。

明代，注重女人的整体形态美，从发际、腰身、足到全身，甚至还细分到眉、目、唇、手等四个部位。这时候，女人的美不是靠打扮体现的，需要具有天然的整体美。

清代，满族宫廷女人更注重气质的体现，衣着华丽，追求优雅。

### 美女的脸部标准

一般来说，女人的面部，上半部比较宽，下半部逐渐窄，整个呈现一个椭圆形或卵圆形，就比较好看。五官和脸庞的比例，是确定是否美的黄金准则。

1.“三庭五眼”

“三庭”。在面部正中作一条垂直的通过额部—鼻尖—人中—下巴的轴线；过眉弓作一条水平线；过鼻翼下缘作一条平行线。这样，两条平行线就将面部分成了三个等分：从发际线到眉间连线；眉间到鼻翼下缘；鼻翼下缘到下巴尖。上中下三部分各占三分之一，就是所谓的“三庭”。

“五眼”。眼角外侧到同侧发际边缘，刚好是一个眼睛的长度，两个眼睛之间也是一个眼睛的长度，另一侧到发际边还是一个眼睛长度，这就是“五眼”。

2.“四高三低”

“四高”。第一，额部；第二，鼻尖；第三，唇珠；第四，下巴尖。

“三低”。两眼之间，鼻额交界处，是凹陷的；唇珠上方的人中沟，是凹陷的；下唇的下方，有一个小小的凹陷。三个凹陷，就是“三低”。

3.“丰”字审美准则

在面部画上一个“丰”字，也能进一步判断个人的美丑。首先，在面部做一条中轴线；然后，通过太阳穴（颞部）作一条水平线；接着，通过两侧颧骨最高点作一条平行线；最后，通过口角到下颌角作一条平行线。如此，就能形成一个“丰”字。标准的“丰”字，在三横上面，颞部不能太凹陷，也不能太突起；颧骨，应该往前方伸展，不能往外侧横向发展，且不能太高也不能太宽。

如果女人的面部轮廓在框架结构上符合“三庭五眼”，正中垂直轴上有“四高三低”，横轴上符合“丰”字审美准则，就能称之为“美女”了。

### 现代美人的身材标准

每个时代对于“美”都有不同的标准，现代人对“美女”的身材又有何要求呢？

1. 美女的标准身材

标准的身材取决于胸部、腰部、臀部等的比例以及各自的高度。在身体中心画一条直线，可以分别以胸部和臀部为顶点造出两个三角形。如果中心线两侧的三角形的前后和上下的比例都均等，且交叉点正好位于腰部，就是理想的体形。乳峰应位于从头顶起往下 2 个头部长度的位置，即肩头与肘部之间的正中央的地方。腰部应位于手臂微微弯曲时肘部附近的位置。臀部的理想位置则是身高的整二分之一的高度。

2. 美女标准身材的完美比例

上、下身比例：以肚脐为界，上下身比例应为5∶8，符合“黄金分割”定律。

胸围：由腋下沿胸部的上方最丰满处测量胸围，应为身高的一半。

腰围：通常量腰的最细部位。腰围较胸围小20厘米较适宜。

髋围：在体前耻骨平行于臀部最大部位。髋围较胸围大4厘米为宜。

大腿围：在大腿的最上部位，臀折线下。大腿围较腰围小10厘米为宜。

小腿围：在小腿最丰满处。小腿围较大腿围小20厘米为宜。

足颈围：在足颈的最细部位。足颈围较小腿围小10厘米为宜。

上臂围：在肩关节与肘关节之间的中部。上臂围等于大腿围的一半为宜。

颈围：在颈的中部最细处。颈围应与小腿围相等。

肩宽：两肩峰之间的距离。肩宽等于胸围的一半减4厘米为宜。

## 人们对人体美的追求

随着生活水平的提高，以及物质的极大丰富，人们对人体美的追求已经到了一个前所未有的高度。

### 人体美是健、力、美的统一

人体美是指人的容颜和形体组合成的美，其构成要素是肤色、线条、比例和服饰，具有要素结构上的稳定性和姿态旋律上的运动性。

毕达哥拉斯学派认为，身体美在于各部分之间的比例、对称。

柏拉图认为，身体的优美与心灵的优美谐和一致是最美的境界。

中世纪崇拜神，贬抑人和人体美。

欧洲文艺复兴后，人体美重新受到重视，意大利的塔索认为人体美在于四肢五官具有一定的比例，加上适当的身材的美好和悦目的肤色。

19 世纪，德国的叔本华把人体美视为人类意志在可视形式上的最充分表现。

人体美包括两方面，就人的形体、体态、容貌而言，由形式美法则决定，要求人体线条挺拔，富于变化，匀称，有魅力，各部分的比例、肤色、动作、姿态等要符合人类的普遍尺度。

从本质上来说，人体美的本质是健、力、美的统一，展现了人的活泼、勇敢、热情、蓬勃向上的精神状态。

### 人体的美学标准

一般来说，世界上评选美女，除“三围”标准外，身体的各部位还有其他参数。

人体比例：通常以毕达哥拉斯提出的黄金分割率（比值为0.618）为依据，即以肚脐为分界点，上半身与下半身之比应是0.618，或者说近似于5∶8。人的身高与脸长的比例大约为8∶1。人的脸部发际至鼻根、鼻根至鼻底、鼻底至颏下点的比例应大致相等，即1∶1∶1。乳头至脐的距离与脸长的比例为1∶1。双额嵴联线与脸长（头顶至颏下点）的比例为1∶2。

面部之美的标准为：正面可见的眼球纵向长度为脸长的1/14。鼻的面积占整个脸部面积的5%以下。眼中心到眉毛的距离为脸长的1/10。眼的宽度为面宽的3/10。下颏的长度为脸长的1/5。嘴宽度占脸部宽度的一半。

### 人体美的原则

1. 健康

人体之所以美，是因为人体符合美的规律，其中健康是人体美的首要条件。从生物医学观点看，人体各器官发育良好、功能正常、体质健壮、精力充沛就是健康。

人体有八大系统。运动系统具有运动、支持和保护的功能。其各部分形态和比例均衡构成体态美的重要因素。循环系统、呼吸系统、神经系统、内分泌系统、生殖系统、消化系统以及泌尿系统发育良好，就能促进人体各器官功能正常，使人体的肤色、发质、第二性征正常生长发育，才能构成健美的体形。

在生命活动中，健康是人体美的基础和重要条件。生命是人体美的载体，只有在生命活动中才显示其魅力。

2. 和谐

健康的人不一定都美，人体美必须具备一个必备条件，就是比例均称呈现的整体和谐。人体的比例是人体各个器官间和各个部位间的对比关系，例如，眼和面部的比例关系，躯干和四肢的比例关系等。人体的整体和谐来自均衡、对称、谐调等形式美因素。人体的整体美由多个局部构成，各部之间互相联系又互相制约。一张小脸上配上高翘的鼻子就很和谐，东方人的小脸上配上“欧式眼”看起来就十分别扭。

## 人体美的三大规律

爱美是女人的天性，那么什么是“美”呢？美有标准吗？

过去，许多人认为人与人之间的思想观念不同、欣赏水平不同，看法也不一样，因此，对美的诠释和标准也就不一样。但是，从生物学、心理学等角度进行探索，依然可以窥探到人体美的规律。

### 黄金分割律

黄金分割律也叫黄金律，它的思想萌芽可以追溯到古希腊的毕达哥拉斯学派。

文艺复兴时代，米开朗基罗、达·芬奇等大师都花费大量精力寻找所谓美的形式，发现黄金分割律最能表现美。

学者们发现，若一个长方形的长边（a）和短边（b）的比例，与两边之和（a+b）与长边（a）的比例相等，即a：b=（a+b）：a。那么这个长方形就具有美学的统一，且轻重匀称。

多数人都喜欢这种比例，认为最合乎美感的要求。这个比例是一个常数，约等于 5∶3，或 8∶5，或 13∶8。现实生活所见的照片、银幕、电视荧屏和很多艺术品也都呈现这种比例。

### 均衡、曲线、对称和对比

现代女人形体美包括的基本要素有：均衡、曲线、对称和对比。

均衡。女人身体各部分的发育要符合一定的比例。例如：头与整个身高，成年人大约为 8 个头高，上肢大约为 3 个头高，下肢约为 4 个头高，躯干约为 2 个头高。上下身的比例一般为 5∶8，这些比例关系必须符合正常发育规律的特点。成年女人的肩宽相当于两个头宽，腰为一个头宽，髋骨的宽度应小于或等于肩宽。这种协调不仅包含人体各部分长度、维度和体积的协调，也包括色彩、光泽、姿态动作和神韵的协调。

曲线。人体的曲线是丰富多变的，这些曲线的起伏对比应该是生动而有节奏的，如胸要挺、腹要收、背要拔、腰要立、肩要宽、臀要圆满适度，大腿修长，脊柱正常的生理弯曲要十分明显。女人的曲线应是纤细连贯的，从整体看起伏较大，从局部看则平滑流畅；看女人的曲线美，当然处处要显现出柔润之美。

对称。女人的人体左右对称，从正面或背面看身体左右两侧要平衡发展。在正常站姿和坐姿时，人体的对称轴一定要与地面垂直。控制人体对称轴的重要部位是脊柱，脊柱的偏斜扭曲必然破坏人体的对称。除此之外，两肩、两髋、两外踝之间的连线都要与地面保持平行。同时，头部器官和四肢也要对称。

对比。女人的体型需要符合对比美的规律，比如，需符合女人的阴柔之美。下肢要有粗线条和稳定的结构，上肢则要求有细线条和多变的结构。

# 第四章

# 不同年龄段女人的魅力

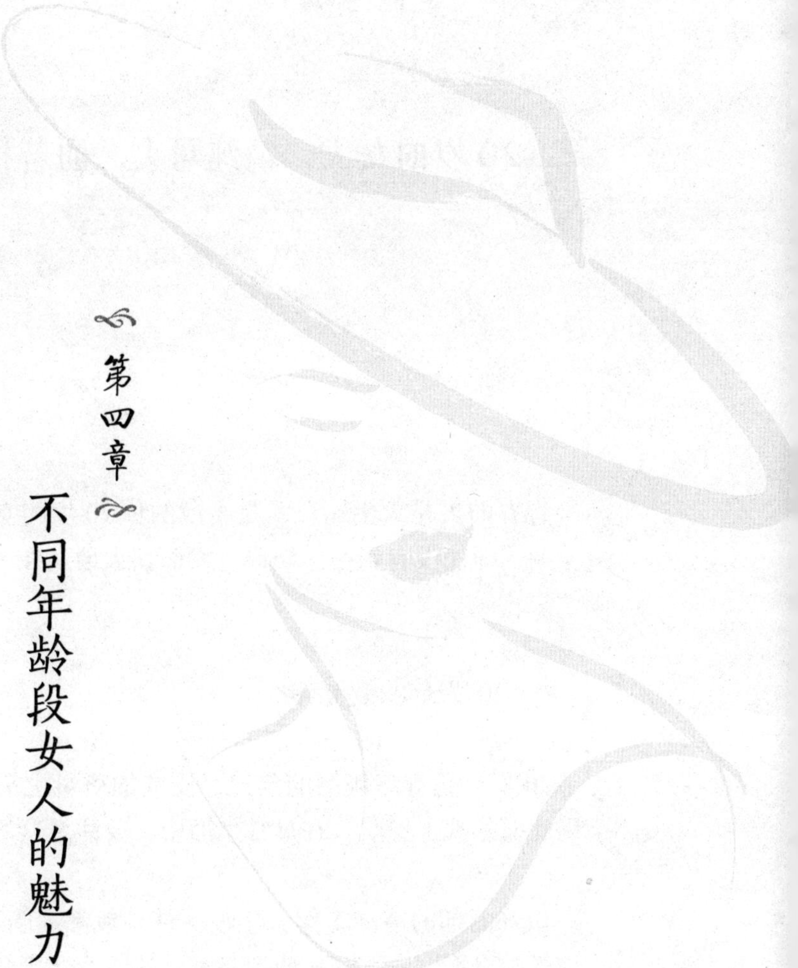

# 20岁的女人，清纯可人，面若桃花

青春的美是天生丽质，是无敌的！20岁的女人，甜如百合，纯真美丽，即使没有脂粉作修饰，素面朝天地站在一片花海中，也不会黯然失色。

## 20岁女人爱护肤

20岁，是青春靓丽的年纪，皮肤的质量也最好的。可是，也不能因此而忽视了护肤。在日常生活中，要注意这样几个方面：

做好面部的清洁工作。年轻女性一般都皮脂腺分泌旺盛，卸妆、清洁等做得不彻底，容易使油脂混合残妆及老废角质形成粉刺和毛孔粗大，为了避免这种情况的出现，要做好面部清洁，避免清洁不到位造成肌肤问题。

用保湿乳液滋润皮肤。20多岁的女性，皮肤细胞依赖水分就像鱼依赖水，保湿工作要到位，否则过了25岁，皮肤衰老的速度就会很快。使用保湿乳液滋润皮肤，让皮肤保持足够的水分，脸蛋就会水水嫩嫩，细胞丰满，皮肤平滑有光泽。

选择适合自己的眼霜。25 岁以前以补水为主，25 岁之后以抗衰老为主。不用眼霜的女人，眼部问题会越发明显。及时地使用眼霜，比“治疗”要有效。特别是干纹，只要使用眼霜，1 周左右就会得到改善；若进行一段时间的针对性护理，就会彻底消失。

不要滥用治疗痤疮的产品。到了 20 岁，多数女人会偶尔长痘，为了保持平滑的肌肤，使用深度清洁的产品，不再是一个有效的策略。不过，使用一个粉刺产品治疗个别瑕疵，用温和清洁剂清洁毛孔，就能有效预防和清除痤疮。

不要使用预防衰老的产品。预防衰老是很正常的行为，但使用太多的高度功能性产品，会造成负面影响。抗衰老产品的活性成分（如视黄醇、酞），可以增加皮肤细胞的新陈代谢，同时也会成为年轻肌肤的沉重负担。抗衰老产品滋润度较高，油性、混合性的肌肤大量使用，可能会引发疙瘩、毛孔堵塞等问题。

### ❀ 20岁的女人更懂穿衣搭配

20 岁，是一个可以肆无忌惮穿衣的年龄，但即便如此，着装的时候也要注意合理搭配。

针织开衫 + 牛仔裤。20 岁的女人，有着满满的青春感，可以将针织开衫与牛仔裤搭配，利用简单的造型来凸显女人的文静乖巧感。黄色的条纹针织，恰好与该年龄段女人活泼的性格相呼应。复古的格调，十分耐看，分割出的身材比例也相当完美，会让人显得高一些。

针织衫 + 毛呢裤 + 中长款外套。冬季，这样的搭配实用性比较高。略带复古风，看起来很有质感，可以为女孩的日常增加亮点。不管从哪个角度看，该造型都会让女孩看上去美美的，利落且乖巧。

毛衣＋格子裙。毛衣＋格子裙，可以让 20 岁的女孩更显时髦。这种装扮很保险且足够保暖，看着就舒服。如果不太了解色彩搭配，就选择黑色搭配，这样更容易让自己在同龄人中脱颖而出，青春时髦，又不失少女感。

针织衫＋针织开衫＋直筒裤。这套穿搭造型充满了节日气氛，对于 20 岁的女孩来说，异常好看、得体。既不会显得超年龄的成熟，也不会显得幼稚，整体看上去乖巧又文静，很有美感，还不容易过时。

毛衣＋烟管裤。这款穿搭适合 20 岁的女孩日常，整体显得很有新意感，给人以复古的感觉，融合着甜美感，能够侧面衬托出女孩乖巧文静的形象。造型柔和，很容易给他人留下好印象。

打底衫＋直筒裤＋外套。这种穿搭是典型的学院风格，适合 20 岁的女孩。这套搭配，不会让人显得臃肿，更得有质感；同时，对身材没有特殊要求，无论何种身材的女孩都能放心尝试。

# 30岁的女人，成熟果断，活力无限

很多女人30岁之后的生日过得并不开心，甚至还会在生日会上哭诉，觉得人们都只喜欢年轻的女孩。而最新研究显示，这个担心有点多余，因为30多岁的女人才最有魅力的！30岁左右的女人，气质如兰，高贵幽雅，不失青春风采，却多了经历，是整片花海里最动人的颜色。

## 30岁的女人最成熟

在生活中，很多人都认为成熟是女人最大的魅力，成熟的女人总会让人觉得很安心。30岁左右的女人在这一方面上更加凸显，甚至有人把30岁左右的女人称为“轻熟”，也就是年轻且成熟。

经历丰富，更有气质。30年的经历让女人成长了很多，无论是学习生活，还是在社会上工作历练，都使他们成为社会中最重要的一部分人。她们的穿着搭配已经不再像以前一样青涩，会更加知性；不会更多地要求社会的给予，而是想着奉献，同情心和母爱更加充盈；无论是已婚的还是未婚的女士，都已不再自私，会更多地想到别人……所有的这一切，都会让女人显得更加美丽，更有魅力。

更加独立，更加宽容。30 岁的女人拥有固定的工作，自己的生活方式已经确定，朋友圈子也已经固化。她们拥有一定的经济实力，最明显的特征是，这个年龄段的女人不再要求男方必需有车有房。除了经济上更加独立以外，对于身边的人也更加宽容，不再斤斤计较，意识到了生活真正的乐趣，不再争名逐利。

心态成熟，做事稳重。有了多年的阅历，30 岁的女人一般都更成熟，她们自信、乐观，更容易做出成绩，处事更灵活。

思想独立，事业成功。受过良好教育、有奋斗意识的女人，到了 30 岁会小有所成。数年职场中的打拼，将一个幼稚的女孩锻造成了一个干练的女人。对于未来，她们有着清晰的规划，懂得深刻剖析自我潜能，能够敏锐捕捉到事业良机，头脑里的智慧逐渐形成。

懂得争取，享受爱情。魅力女人，一般都不会缺少爱情的滋养。越过 30 岁的门槛儿，女孩的羞涩日渐剥落，懂得如何争取和享受爱情的乐趣。

### ❀ 30岁女人重保养

到了 30 岁，有些女人会觉得自己似乎一下子老了很多。事实也证明，随着身体机能的下降，30 岁左右的女人衰老速度会逐渐变快，因此做好保养异常重要。

正确对待早餐。过了 30 岁，身材发胖的速度会逐渐加快，有些女人会突然变胖。为了减肥不吃早餐的这种做法是错误的。不吃早餐，新陈代谢就会减慢，容易造成能量堆积，更容易变胖，因此一定要正常进食早餐，及时为身体补充养分，有效促进新陈代谢，帮助身体消耗多余的能量。

不要长坐不起。到了30岁，很多女人总感觉很累、很疲倦，除了工作的时候是坐着的，回到家也只想坐着或躺着。记住，长时间坐着，不利于盆腔血液循环，私处环境也会变得闷热潮湿，很容易患上妇科病。同时，臀部还会下垂，慢慢变大。因此，30岁的女人不要一直坐着，工作休息的间隙，可以起身出去走一走，还要花点时间去锻炼。

保证足够的睡眠。睡不好的女人，更容易老化，最明显的表现就是皮肤状态变差，比如，黑眼圈重、皮肤干燥。没有睡足的女人，神色就会很疲倦，看起来也显老态。所以，千万不要熬夜，尤其是30岁的女人。到了这个年龄之后，皮肤老化的速度会变快，总是熬夜，皱纹更容易爬上你的脸。所以，必须确保每天有七八个小时的睡眠时间。

### ❀ 30岁的女人会主动“动起来”

30岁，应该是充满活力的年纪，女人必须让自己的身体和思想动起来。

多看书，多学习。30岁的女人，眼界、见识、品位都得益于书籍。内心贫乏的女人，再怎么涂脂抹粉，也吸引不了旁人的注意力。如果将一件事情的作用分为立竿见影和潜移默化两种，那看书带给女人的影响无疑属于后者，但这种潜移默化，会让女人更有魅力。古人说：“书中自有颜如玉，书中自有黄金屋”，才情满满的女人，会让周围的一切都变得有趣。

学习瑜伽、游泳。30岁的女人一般都会时刻注意自己的身材。瑜伽可以让女人保持活力，使身体更协调、匀称。游泳可以帮助女人强化身体机能，让皮肤更紧致。

穿精致的内衣。对女人来说，内衣是离身体最近的一层衣服。30岁的女人，必然会从内到外的精致如一。无论什么时候，首先要学会愉悦自己，在别人看不见的地方，一样要好好爱自己。

关爱自己，做好护肤。30岁的女人，挑选护肤品时，一定要知道什么成分对皮肤是有害的，什么成分更有益于自己。要多从细节处下手，选择真正适合自己的护肤品。

# 40岁的女人，情感丰富，温馨可人

40岁的女人，灿如玫瑰，不用跟年龄较劲，也犯不着为妆容大动干戈，气定神闲，温馨可人，家庭和事业双丰收，即使沉默，也自有一番动人的韵味。

## ❀ 40岁的女人更有魅力

到了40岁，女人已经少了20岁的稚嫩，少了30岁的活力，随着阅历的增长，她们做事更加稳重，内心更加平和，思想更加成熟和敏锐。

遇事沉着冷静。随着年龄的增长，遇到的事情也会越来越多，再面对事情的时候，自然就会更加沉着，不会随便乱了方寸；她们更大气，更沉着，也更具吸引力。

内心平和宽容。经过时间的沉淀，40岁的女人面对很多事情的时候，都能保持宽容万物的心，最容易得到他人的爱慕和崇拜。

个性成熟且敏锐。40岁的女人经历过的事情多了，懂得的多，遇到某些事情的时候，更能敏锐地察觉到其中的利害。

知道自己需要什么。40岁的女人是理智的，也是骄傲的，更知道自己真正需要什么，不会被外界因素随意打乱了心性。

### ❀ 40岁的女人更懂保养和着装

到了40岁，穿衣打扮都要跟自己的年龄相吻合。

用衣服来弥补自身缺憾。40岁的女人着装应力求大方、简单、高雅，不要选那些将肚子和臀部全部遮完的长衣服。这种衣服下摆较大，虽然可以遮住肚子和臀部，但年龄却被衣服夸张了十多岁。如果脸色晦暗，更不要穿得太显老，可以选择虾蓝、豆绿、金黄、枣红、蔚蓝等色系，肤色较好的女人则可以大胆地穿玫红、淡黄、海蓝、印度红、浅粉、浅绿等颜色的上衣。全身衣饰配套的颜色不要超过3种，否则会显得杂乱。如果个子不太高，裙子就不要太长，齐膝或稍过膝盖即可，否则会显得拖沓和沉重。

少点浓妆，多点淡妆。皱纹和细纹最易暴露女人的年龄，为了遮挡皱纹和细纹，有些女人会打上厚厚的粉底。但女人到了40岁时，皮肤已经开始老化和松弛，只能通过其他办法来阻止皱纹的产生。浓妆艳抹，化妆品会给皮肤造成过重的负担，产生更多的皱纹和细纹。因此，40岁女人如果要化妆，尽量选择淡妆。

做好防晒，保护皮肤。防晒是女人持续一生都要做的护肤步骤，不管是20岁还是40岁，出行时都要记得擦上防晒霜。太阳光中的紫外线最易晒伤皮肤，导致皮肤产生细纹。如果以前从未做过防晒的工作，现在开始也为时不晚。

保湿补水，皮肤新鲜。保湿补水工作做好了，皮肤就会看上去非常年轻和健康。为了来给皮肤补水，每天都要喝大量的水。另外，要多吃新鲜水果，还要通过做面膜的方式来让皮肤获得更多的水份。

## ❀ 40岁的女人，风韵犹存

40 岁的魅力女人，一般具有下面三个特点：

身体丰满。提到魅力女人时，很多人都会关注她的身材。胖乎乎、丰满型的女人一直都是性感和健康的象征；瘦如“竹竿”般的身材，很难走出美丽，更会缺少魅力。如果肉肉刚刚好，凹凸有致，曲线一流，也会具有强大的魅力。

气色不错。气色也是非常重要的附加分项。脸是玫瑰色的，皮肤是白皙的，嘴唇饱满红润，有魅力的女人都不会是“黄脸婆”。此外，头发的数量和质量也是评价气血是否充足的标准，如果头发黑色闪亮，气血就丰盈，自然很迷人。

气质良好。女人可以不好看，但不能没有气质。要想让自己举止优雅、端庄大方，就要多读书、多旅游，充实自己。40 岁的魅力女人，是自己生活的主人，她们不会被岁月打败，永远都能散发出耀人的光彩。

## 50岁的女人，性格内敛，神韵不绝

50岁的女人和蔼可亲，不管世间浮华还是人间沧桑，都能尽收眼底。久经各种情感和风霜的美，才是至尊至善的美。

### 50岁女人也能拥有好身材

50岁的女人，稍不注意，就要体形发胖。因此，要想保持完美的身材，就要从以下几方面做起：

食用高纤食物。肠道是身体中最先衰老的器官。肠道衰老，蠕动减慢，会直接引发便秘，出现肤色晦暗、长斑等问题。多吃高纤食物，可以缓解便秘。

早睡早起。熬夜是皮肤健康的大敌，睡眠不足，会使细胞的各种调节活动失常，影响表皮细胞的活力。所以，每天至少要睡8个小时，低于这个时长，就要对自己的健康指数重新估计。睡眠是否充足会很容易地表现在皮肤上，尤其是娇嫩的眼部肌肤。香甜的好觉，可以消除身体的疲劳，使皮肤细胞的调节活动处于正常，延缓皮肤老化。

坚持吃早餐。早餐，能够有效地促进新陈代谢，保持血管和免疫系统健康。早餐最好包括谷类食物、水果、奶制品，爱美女人的早餐可以这样组合：一杯豆浆（酸奶）+两片全麦面包+鸡蛋+胡萝卜（其他水果）。要根据自身的需要组合添加，但每天的早餐里必须要有：一份豆类（奶类）+一份杂粮五谷类+一份禽蛋类+一份蔬菜水果类。

不要忽视了防晒。即使脸上没有皱纹或雀斑，也不表示皮肤并未受损。青年时期因紫外线引起的伤害，会延至二十多年后才逐渐呈现，所以及早防范才是上策。比如，使用合适的防晒用品防止紫外线侵害皮肤；使用含有维生素C的护肤品，有助于皮肤的保养。

不要轻易生气。愤怒的表情会令女人产生皱纹。当怒火在胸中燃烧之际，会不自觉地紧皱眉头，久而久之，皱纹便大量涌现。此外，大发雷霆时，肾上腺激素会上升，令心跳加速、血压升高，引起头痛。在勃然大怒之前，必须先行自我冷静。做几个深呼吸，也可以外出散步或想一些快乐的事。如果没有效果，也不要极力抑制情绪，抒发过后，尽快忘掉这件令人不快的事。

学会自我减压。会议、社交、工作等的压力足以引起脱发、粉刺和便秘等疾病，令女人面容憔悴。此外，压力会削弱女人的免疫系统，使人体更易受细菌的感染。因此，必须学会减压。按摩，不但会令身体舒畅，还能提高免疫能力。

### ❀ 得体的穿衣打扮更能展现女人味

50岁的女人可以通过穿衣打扮，展现自信与魅力。积极向上的人，散发着迷人的光彩，可以从她的穿着打扮上感受到。

到了50岁，如果身材保持得不错，就要多穿凸显年轻活力的衣服，要求款式简洁，色彩淡雅，版型合体。

黑色的内搭最修身显瘦，黑色直筒裤能够掩饰下半身肥胖的身材，黑色直筒裤搭配色彩鲜艳的上衣更容易穿出好气色，黑色裤子搭配驼色的大衣能带来温暖和舒适的感觉

不要整天都穿高跟鞋，偶尔换成运动的小白鞋，更能增添青春的活力。

黑白、白色、灰色、浅驼的色彩搭配，会让50岁的女人显得干练、优雅、简洁、大气。如果还没有退休，就可以上班穿，显得低调华丽。

蓝色大衣并不是年轻人的专属，50岁的女人也能穿，且更显气质，显得肤色更白皙。

50岁的女人，不要穿花色太多的衣服。有质感的面料和纯色，更能凸显气质；亮色的毛衣，更能凸显活力。如果上半身比较胖，就可以穿大V领的毛衣，能起到修饰身材的作用。

### 得体的发型让你更时尚

50岁的女人，如果人穿得很时尚，皮肤保养得也很好，但头发却乱糟糟的，不仅会影响整体形象，还会掩盖个人的气质。选择一款适合自己的发型，不仅很时尚，还很显气质。

斜刘海短发。50岁的女人可以选择偏分式的短发，将前面的刘海简单地设计成斜刘海偏分的线条，可以让自己看起来显得更加大方

得体。

及耳短卷发。如果想提高气质，可以尝试下卷发。对50岁的女人来说，卷发比死板沉闷的直发看上去洋气很多。将后脑勺位置的发丝烫成卷翘的层次感，前面的发丝保持直发的线条，视觉上就会给人以高雅的既视感。

定位烫短卷发。如今，比较时髦的50岁的女人都喜欢尝试这款短卷发，虽然采用的是全头烫的形式，但丝毫不显老气。驾驭这款发型，会让50岁的女人显得特别有精神，散发浓浓的气质感，让人觉得更加潮流。

板栗头短发。板栗头发型是韩国最流行的一款发型，50岁的女人选择这款发型，会在无形中透露出一股优雅的气质感。板栗头额前的刘海看起来稍显厚重，但可以很好地修饰面部两边的线条，实现减龄瘦脸的效果。

纹理烫短卷发。这款卷发，款式耐看百搭。头顶上富有层次感的发丝线条，还带有明显的修颜作用，跟额前的刘海相映衬，能够凸显出属于这个年龄女人的高贵大气的气息。

齐耳翻翘烫短发。将左右两侧的发丝烫成卷翘的造型设计，然后再配个偏分的刘海，不仅能凸显出女人高贵典雅的优雅气息，还能让女人看上去年轻10岁。

# 第五章

# 富有感染力的女性之美

## 脖子美：修长的“天鹅颈”不仅提升气质，更显高瘦

颈部是女人最动人的部位之一，在女人的面部与身体之间起着承上启下的作用。颈部线条优美，肌肤细嫩，会让女人更加美丽迷人。可是，颈部却是最容易被忽略掉的地方。只注重面部的美观，忽略了对颈部的保养，即使脸看上去很年轻，颈部的状态也会暴露真实年龄。

### 人体学上的“多事三角区”

颈部前面皮肤的皮脂腺和汗腺数量只有面部的三分之一，皮脂分泌比较少，无法保持水分，容易干燥，便容易产生皱纹。颈部的皱纹通常有两种：一种是初期老化的皱纹，十几岁时便开始出现。这种皱纹一般都不太明显，不会给女人带来多大的影响。另一种是受紫外线的影响而形成的皱纹，会随着年龄的增长而加深，会降低女性的魅力。

颈纹的出现，会让颈部肌肤失去弹性，但颈部皱纹通常都很难消除，所以，要做好颈部的保养，预防皱纹产生。

首先，洗脸的时候，要对颈部做好清洁。可以用洗面奶清洗颈

部，并进行适当地按摩，延缓颈部肌肤的老化。

其次，低头时间不能过长。忙于工作，长时间低头，忽略了颈部的活动，也容易导致颈纹的出现。

最后，如果颈纹已经出现，也不要惊慌，可以做个颈部护理淡化颈纹，或选用合适的颈纹治疗方案，做好颈部的保健。适当的治疗加上合理的运动，会让女人的颈部展现出迷人的风采。

### ❀ 美颈从现在开始

修长细腻的颈部，会让女人显得更水灵，甚至为女人的整体形象增色不少。颈部肌肉松弛、皮肤老化，会促使双下巴形成。双下巴不但会让女人显得颈部短粗，而且会让女人看上去老了很多。女人都希望自己性情成熟而容貌年轻，因此，选择恰当的方式保养颈部，是保持青春感的重要手段。

保湿。颈部皮肤干燥、黯淡无光，会使女人显得沧桑。即使青春年少，颈部有皱纹，也会产生一种与年龄不相符的苍老感。而颈部肌肤水润，则会显得女人更加灵动且富有活力，更加妩媚动人。干燥是导致颈部皮肤老化的重要原因，因此，想要保持颈部细腻，防止肌肤老化，首先就要做好补水保湿。比如，可以用橄榄油来润肤锁水。橄榄油中富含维生素 A、维生素 D 和维生素 E，能够有效对抗皮肤干燥、老化。

美白。性感迷人的颈部与端庄秀丽的脸部相辅相成，共同见证着女人的美丽动人。只注重面部皮肤的保养，而忽略了颈部的护理，再加上美白化妆品的滥用，就会让面部和颈部皮肤颜色产生巨大反差，不利于整体的形象美。因此，在化妆打粉底的时候，面部跟颈部应该有一个过度。对于颈部偏黑的女人来说，仅打粉底还不够，还要对颈部进行美白护理。

运动。让颈部保持美丽，不能只靠化妆品，还要多运动。坚持做颈部操，会促进颈部血液流畅，改善脑部的血液供给，不但能使颈部肌肤保持细腻平滑，也能使女人更显年轻活力。

### 有一种气质叫“天鹅颈”

脖子修长挺拔，能让个人气质得到极大提升，这样的脖子就是“天鹅颈”。怎样才能拥有“天鹅颈”呢？可以通过以下动作加以练习。

吸气抬头望。这个动作比较简单，具体方法是：将双手放在椅子上，两只脚分开，将双臂和胸口压向地面；吸气时抬头向上看，呼气时低头，尽量用下巴去够锁骨。共做 6 次。

瑜伽的坐角式。具体方法是：让自己的头侧望向远方，最好配合劈腿动作，最重要的是收颈抬头。如此，不仅可以锻炼颈部，还能锻炼腿部。

对尖式动作。具体方法是：仰头，收腹，抬腿。每天只要坚持几分钟就可以了。这个动作可以消耗颈部的脂肪，促进血液循环。

左右推推肩。具体方法是：将自己的腰肢挺直，双手在胸前合十，呼气时头向左转；然后，把合十的双手推到右肩。一次 30 秒，一共做 6 次。

## 肩部美：雕塑肩部线条，增加你的女人气场

自古以来，中国的审美就非常注重女人的肩膀。纤瘦的V字形香肩，温润细腻，是魅力女人不可缺少的条件。

### ✿ 动人的美人肩

对于女人来说，如果肩部有以下三种标志，就是美人肩。

肩膀是直角。女人肩膀可以分为两大类：一种是平肩，一种是溜肩。溜肩，肩膀和脖子的角度大于90°，看起来是下垂的样子，非常难看；平肩，肩膀和脖子正好是90°，整个人看起来才会得有精神、有气质。

锁骨明显。美人肩，一般都配有漂亮的锁骨，平滑纤细的锁骨会给女人加分。大方的一字型锁骨和性感的翅膀锁骨都非常好看，再加上天鹅颈，整个人看起来会更有气质。

头肩比例协调。“美人肩”的头肩比例，一般都非常协调。头过大，肩膀过窄，很难看；头小，肩膀宽，看上去也会非常别扭。只有

比例协调，才能让整个人显得好看。

### 女人肩型有几何

女人的肩膀可以细分为四种：平肩、宽肩、窄肩和溜肩，分别介绍如下：

平肩。肩宽与头宽的比例为2.5∶1，拥有平肩的女人都是“衣服架子”，任何衣服都能驾驭得很好。

溜肩。溜肩和窄肩有一点类似，但溜肩的肩部与颈部的角度较大，有点下垂的感觉，看起来不够大气，不够精神。溜肩不要穿一字肩、吊带、抹胸类的衣服，否则会让你的肩看起来更下垂，要选择肩部有装饰的衣服来修正肩部线条。

宽肩。宽肩比正常的平肩稍微宽一点，看起来骨架稍微显大一点。穿衣服时，千万不要穿无袖的和小领口的衣服，否则会将宽肩的缺点完全暴露；可以选择大领口的、斜肩的衣服。

窄肩。窄肩比平肩稍微窄一点，看起来骨架稍微小一点。不能穿肩部很紧的衣服或上窄下宽的衣服，否则会让肩看起来更窄，可以选择一字肩的衣服，让肩部显得宽一点。

### 运动秀出美人肩

通过运动，完全可以让自己的肩膀美起来。

锻炼计划。下面列出的动作每个做10次算1组，每次做2组，每组之间休息30～60秒钟。做的时候动作要慢，用3秒钟的时间抬起，

1 秒钟停顿，3 秒钟的时间放下来。每周做 2 ～ 3 次为宜。

前举运动。双脚分开与肩同宽站立，膝盖微微弯曲，后背挺直，收缩腹部。双手各持一个哑铃，双臂垂在大腿前，手掌朝内。保持手腕伸直，胳膊肘微微弯曲，抬起双臂与肩膀持平，手掌朝向地面。保持这个姿势，然后慢慢放下。为了避免胳膊摇摆或弓起背部，可以尝试把背部抵住墙，或者每次用一只手臂。

中举运动。双脚分开与肩同宽站立，膝盖微微弯曲，后背挺直，收缩腹部。双手各持一个哑铃，放在身体两侧，手掌朝内。保持手腕伸直，胳膊微微弯曲，从身体两侧展开双臂，稍微向前，抬至与肩持平的位置，停顿，然后慢慢放下。

后部抬举运动。坐在椅子的边缘，双脚平放在地上，分开与髋关节同宽。保持背部挺直，从髋关节开始向前倾斜，让胸部靠近大腿。双手各拿一个哑铃，手臂放在小腿处，手掌相对。胳膊肘轻轻地弯曲，手腕伸直，双臂向身体两侧伸展开，抬至与肩持平的位置。将颈部和脊椎保持在同一直线上。停顿，然后慢慢放低。

# 背部美：让你的背部美到发光

并不是每个女人都拥有完美的背部。肉太多，会导致平背，除了肉还是肉，毫无美感可言；肉太少，一副骨头架子，瘦骨嶙峋，看起来也很恐怖。而魅力女人，都有着美到发光的背部。

## ❀ 优美的背部线条

女人背部线条叫脊柱沟，完美的脊柱沟可以增加女人的魅力，更适合穿露背装。

脊柱与两侧肌肤所形成的沟壑，就是性感的脊柱沟。脊柱也就是脊梁骨，是我们身体的支柱，位于背部正中。深藏于女人背后的长长的脊柱沟，不仅能让女人的身体修长有型，还魅力十足。

完美的脊柱沟，主要源于同样完美的背部肌肤与形状，想要拥有一个人人称羡的背部，就要做好深度去角质的背部护理。每天花10分钟做背部伸展动作，不但能让背部不再紧绷，还能增加背部肌肉的紧实度。

## ❀ 什么样的背最好看

好看的背，一般都骨肉匀称，光滑白嫩，与臀部的比例适当。

好看的背要骨肉匀称。太胖了，就显得有些虎背熊腰；太瘦了，则会成为“白骨精”。因此，既不能太胖，显得背部浑圆；也不能太瘦。

好看的背部都是光滑的，没有暗疮疤痕。皮肤光滑细腻、毛孔微细，没有太重的汗毛。

好看的背部与臀部的比例适当，更能显出腰部的起伏和弯曲。脊柱沟比较明显，肩下骨不太突出。

## ❀ 消除赘肉，背部才能美到发光

后背上的赘肉会让女人看起来很笨重，一定要重视赘肉的消除。平时可以做些训练，时间长了，赘肉自然就不见了。

背部离地法。具体方法是：仰卧在床上，双手放在身体两侧，然后弯曲双腿，脚后跟紧紧贴在大腿的后侧。双手移至头的两侧，掌心贴着地面，吸气，拱起背部。双脚膝盖跪在地面上，双手用力地撑着向上拱起身体，同时髋部与腹部是向上升起。

双手伸展法。具体方法是：双手放在背后相握，尽量伸直手臂，同时尽力向上抬至极限。如此进行 50 下，会感觉肩胛骨上面被挤压，有助于锻炼胸部的肌肉。

立式俯卧撑。具体方法是：将双手贴紧墙壁，身体前倾站立，保持手臂平行于地面。绷紧背部、收紧腹肌，慢慢压低身体高度，到尽量低的位置时，保持 10 秒钟。慢慢将身体推回至原位。每次做至少做 15 个立式俯卧撑，尽量每天都练习。

哑铃法。具体方法是：双腿分开站立，膝盖弯曲。胸部向前倾，背部始终保持挺直。双手持哑铃，向两边水平提起，感觉到背部肌肉在用力。

## 胸部美：美丽乳房，让你的魅力无缺憾

胸部是女人的第二张脸，每个女人都希望拥有一对丰满和富有弹性的乳房，使之构成自己特有的流畅、圆润、优美的曲线美。理想的乳房是丰满的、匀称的、柔韧的、富有弹性、形状挺拔、呈半球形。美丽的乳房，也能让女人的魅力的展露无遗。

### 魅力女人的标准乳房

乳房，是女人的性感所在。乳头，是重要的性感带，还具有哺乳功能。做为现代女人，要对乳房加深了解，懂得乳房美的重要性。那么，标准的乳房应该是什么样的？

好看的乳头。好看的乳头，都有以下几个特点：圆柱状部分直径一般为 0.8 ～ 1.5cm，高出乳晕平面约 1.5 ～ 2cm。正常乳头两侧对称，表面为粉红色或棕色。乳头周遭表面凹凸不平，有点像菜花状，皮脂腺开口一般不会超过 20 个。乳头颈部受年龄和生育哺乳的生理影响，少女的乳头颈部一般都短小，上小下大，有点像锥体；生育哺乳后的乳头，颈部会变大变长，便于哺乳。同时，妊娠后，受到体内雌激素和孕激素增加的影响，乳头颜色也会逐渐加深。

标准的乳房。从正面来看，乳房的形态大致分为碗形、半球形和圆锥形。碗形，乳轴高度为 2 ～ 3cm，小于乳房基底直径的 1/2，是比较平坦的乳房。半球形，乳轴高度为 3 ～ 5cm，约为乳房基底直径的 1/2。圆锥形，乳轴高度在 6cm 以上，大于乳房基底直径的 1/2，比较丰满。未婚少女，以圆锥形乳房为美；已婚妇女，以半球形乳房为美。

最标准的乳房位置。乳房位置较高，在 2 ～ 6 肋间，乳头位于第四肋间，乳头到胸骨中线的距离为 11 ～ 13cm。标准的乳距，两乳头的间隔大于 20cm。

### 女人如何保护乳房?

乳房是女人的重要部位，要想拥有健康的乳房，就要让乳房保持好状态，日常生活中一定要注意呵护。

保持愉快的心情。情绪长期过于紧张、低落，会引起乳房疼痛、肿块、乳腺增生等乳房疾病。研究发现，乳腺癌与抑郁情绪之间有明显的因果关系，情绪压力长期得不到缓解，可能造成不良后果，因此为了乳房的健康，要保持愉悦的心情。

采取低脂高纤饮食。多吃全麦食品、豆类和蔬菜等的低脂高纤饮食，有助于减少乳腺受到的不良刺激。同时，还要注意控制动物蛋白，雌激素过多，会诱发乳腺增生。

用冷热水沐浴。冷热水浴有助刺激乳房的血液循环，但水温不宜太高，否则会影响乳房的结缔组织。淋浴时，从下往上冲洗按摩，能够促进乳房的血液循环。

不要乱吃减肥药。减肥药虽然可以在短时间内减轻体重，但容易引起内分泌失调。减肥药中的一些成分还可能诱发乳腺增生。因此，女人想要减肥，最好还是从饮食和运动入手。

拒绝或控制酒精摄入。研究发现，每日饮酒 1 杯或以上的女人，乳腺癌风险比少饮酒或不饮酒的人高 45% 以上。科学家认为，酒精会刺激催乳素的分泌，而催乳素与乳腺癌的发生有紧密联系，因此女人应戒酒或少饮酒。

不要吸烟，拒绝二手烟。抽烟或频繁接触二手烟的女人，乳腺癌的发病率会高达 40%。戒烟，能够预防和降低癌症发病的风险。

选择合适的内衣。胸罩可以改善胸部外扩或下垂的状况，女人要选择合适的胸罩，不要过紧或过松。胸部较丰满的女人，可以使用全罩杯或 3/4 罩杯，更好地撑托乳房；胸部外扩的女人，可以选择聚拢杯，让乳房向中间集中，令胸部显得更加丰满。

尽量不要晚育。过晚生育会影响女人体内的性激素水平，增加乳腺癌的发病几率；同时，母乳喂养还能降低乳腺癌的发病风险。因此，要想保护乳房，就要尽量避免晚育。

适当按摩乳房。按摩能够舒缓乳房的紧张感，预防乳房肌肤松弛。按摩时，双手手掌托住乳房下方，轻轻往上提，重复做 5 ～ 10 次。然后，托着乳房外侧往内推，重复 5 ～ 10 次。乳房按摩，能够有效预防乳房下垂和外扩。按摩前，在乳房上涂抹一些橄榄油或润肤乳，会有更好的保养效果。

# 腰部美：傲人好身材，S腰美翻天

腰部，是女人最妖娆且最有力量的地方！可是，一旦女人的腰开始发福、变粗、僵硬，女人的生命力便会开始衰退。当女人的腰不再灵活时，个人魅力便会衰减很多。

女人的优雅与风情，不光在脸上，更在腰间。现代女人对腰线的追捧要理性得多，会通过健身的方式，打造马甲线。

## 女人腰部知多少

虽然每个人都知道腰，人人都有腰，但“腰”的概念依然相当含混。在医学意义上，狭义的腰部是指躯干下部与腹部相对的背后、脊柱的两侧，上起第12肋骨、下至髂骨嵴这一区域。广义的腰部，除了上述区域外，还包括腹部的中间部位，即腹部九分区中的左右腰部和脐部。

腰部由脊柱腰段和软组织构成，对于腰部美来说，其软组织中又以皮下脂肪最为重要。腰部构成虽然简单极为重要，但腰部除了脊柱，就没有其他骨骼限制了，脊柱腰段也就成了脊柱活动度最大部分。所以，对于女人来说，不论是静态美，还是动态曲线美，脊柱腰段弯曲度的任何变化都会影响人体美的表达。

腰部上下均呈前后略扁的喇叭状，圆滑地连接着胸背部和臀部，无论从前后还是从侧面观察人体，都会看到腰是人体躯干的最凹陷部位，整个躯干呈哑铃型。从前后方观察，最凹点在肋弓与髂嵴之间的中点稍上方，侧观最凹点在第 3、第 4 腰椎棘突处。因此，腰部在人体曲线美中起着无可取代的作用。

腰围是经脐部的水平围长，即腰部最细处的围长。决定腰围大小的主要因素是腰部和腹前外侧部皮下脂肪含量的多少，皮下脂肪越多，腰围就越大。调查证明，从美学角度来说，女人腰围应是胸围的 2/3 或身高 ×0.34。

腰太粗，主要是皮下脂肪堆积的结果，不但显得臃肿，还会伤害形体美，且会导致行动不便，妨碍生理功能。腰过细，会让女人看起来瘦弱单薄、缺神乏力和不堪重负，有损于形体美。

女人腰椎前突明显，与骶椎的后突共同构成“S”形曲线。由于腰际长而高，且肌肉不发达，所以腰两侧内收形成腰线。腰线也称腰身，左右腰线呈对应的弧形，其弧度在男女之间的差异比较明显，决定着腰部的美学特征。

腰部是构成人体曲线美的三围之一，女人的胖瘦主要还是表现在腰身的粗细上，也关系着女人形体的美感。因此，细腰也就成了女人形体美的一大特点。虽然女人美不必通过轻歌曼舞来表现，但轻柔美妙的身段，却离不开健康而柔细的腰部。

## ❀ 美女的玲珑曲线

“曲线美”的概念，最早由英国的著名画家、美学家荷迦兹提出，他在《美的分析》一书中指出：“一切由所谓波浪线、蛇形线组成的物体都能给人的眼睛以一种变化无常的追逐，从而产生心理乐趣。”他认为，美最大限度地蕴藏在精确的曲线之中。

西方最负盛名的女性雕塑——断臂维纳斯，富有魅力的“S”形波状曲线，正是女人曲线美的典型展现；我国古代的审美者也把人体曲线之美形容为“宛若游龙”。古人对女人纤腰的赏爱，与中国艺术曲线美的观念是一致的。

在诗文中，女人纤细的腰身又被描述为“蜂腰”“柳腰”，强调的便是腰细使体态呈现出的高低起伏的曲线美。以蜂、以柳描写“腰”，体现的就是这种“柔婉”的特质。

## ❀ 腰部保养浪重要

很多女人都想拥有苗条的身材，想尽可能地展现自己的魅力，但腰部是一个人体敏感的区域，容易受伤。那么，女人该如何保养自己的腰部呢？

坐着时不要弯腰驼背。长时间对着电脑工作，坐姿不正确，腰椎承受的压力就大。因此，坐着的时候要保持正确坐姿，避免弯腰驼背，要将椅子和电脑屏幕的高度调到合适，坐一个小时左右就起来走动下，伸个懒腰，活动下脖子，练习扩胸运动，有助于缓解腰椎承受的压力，促进血液循环。

不要让腰部受凉。注意腰部的保暖工作，腰肌就不容易着凉。因此，平时要少穿低腰裤、露腰装，以免造成带脉的瘀堵；要注意腹部保温，不要让腹部着凉；要做做艾灸、热熨等疗法保养，不要直接对着空调和风扇来吹，尽量不在潮湿、寒冷的环境下工作。

练习腰部伸展。具体做法是将身体放松，双脚稍微分开，站立。然后，双手向上举，身体尽可能力往后仰。接着，身体往前倾，指尖尽可能地去摸脚尖。如果不行，不用牵强，可以慢慢练。

床铺不要太软。腰部具有生理曲度，床垫太软，会影响脊椎的正常发育，容易出现驼背等问题。建议床铺的软度要适当，以有助于腰部肌肉的放松。

## 臀部美：塑造臀部美曲线

女人的肥臀之美，不仅是一个性感问题，更与性和生育直接相关。中国人认为，臀部浑圆硕大的女人会多生孩子，这在医学上是有根据的。臀部硕大就是骨盆宽大，骨盆宽大，有利于胎儿在母腹中的发育和成长。

西方人认为女人应该以“丰臀”为美，也起源于对繁衍生育的要求。这种审美观与中国人一样，都是源于对种族繁衍的关注。事实证明，浑圆挺翘的臀部，不仅能让女人看起来高几厘米，还能获得更多异性的好感。

### 美臀的特征

魅力女人的臀部，一般都具有以下几个特点。

皮肤白皙、细腻、有光泽、弹性好。有少许脂肪，却恰到好处。

整个臀部大小均衡，与身体比例配合，不大不小，正合适。

在走路和转身时，臀部有一点儿上翘。

臀部紧实浑圆，走起路来，不会晃动得太厉害。

### ❀ 臀部的不同形状

臀部形状主要分为桃心形、V 形、圆形、方形等。

桃心形。桃心形是理想的臀型，臀部丰满，腰肢纤细。臀围尺码超过肩围 5% 以上，就是桃心形状。这种臀型需要进行高强度的针对性训练。

圆形。臀围尺码与肩围尺码相差 5% ～ 25%，就是圆形。圆形的臀部形状讨喜程度仅次于桃心形，特点是臀部丰满，但缺少清晰的轮廓。想要修炼为完美的臀型，就要进行针对性锻炼。

方形。方形偏于男人化，臀部扁塌，远远看上去就像是一块砧板，女人久坐而缺乏锻炼，会造成臀部形状扁平。臀围与肩围相差在 5% 以内，就是方形，即肩围和臀围近似等宽。

V 形。V 形是最没有吸引力的臀部形状，整个臀部都呈现出摇摇欲坠的阵势。胯小臀平是它的主要特征。臀围尺码小于肩围尺码就是 V 形。

### ❀ 美丽翘臀也能练出来

要想拥有美丽翘臀，可以试着做做下面这些运动和练习。

练习深蹲。每天久坐不动，屁股都会塌陷外扩。深蹲，可以翘臀，具体方法是：站立，抬头挺胸，保持上身挺直，可以稍微前倾；双脚分开与肩同宽，不能弓腰，双脚平行，脚尖向正前方；脚掌可以分成一定的角度，约 60°，但下蹲时膝盖的方向要与脚尖方向一致。身体慢慢往下蹲，直到大小腿的夹角小于 90°，但不要贴紧放松，约 70～80° 即可；然后，大腿用力站起来，直到站直。

注意：下蹲时膝关节尽量不要超过脚尖；让膝关节始终向前，跟脚尖的方向一致，不能内扣，不能晃动；发力时，要有意识地让臀部先用力；整个过程保持匀速，速度不能太快。

转动脊椎。具体方法如下：坐于地上，将右手放在背后，尽量坐直。将左手放在右膝的外侧，将脊椎转向右侧。将肚脐吸向脊椎，从腹部下方转动身体，一直到达头部。保持这个姿势，呼吸 5～10 次，然后切换到身体的另外一侧。

## 腿部美：美不美，看大腿

美丽的双腿曲线是魅力女人身上最重要、最不可或缺的美。腿的迷人，不仅在于天生细而长的曲线，也在于修饰与掩蔽。

### 腿部的美态

1. 静态美

洁白、丰腴的美腿确实惹人羡慕，但如果再注意一下着装，更会锦上添花。若是玉腿稍微有些美中不足，可以选择着合适的裙袜，弥补一些缺憾。

大腿与臀部相连，是构成腿部曲线美的主要部位。小腿除了自身美之外，还能与大腿交相辉映。一般说来，除了萝卜腿（小腿较粗）不适宜穿裙装应穿裙裤，其他腿形的女人都可以穿裙装。身体较矮小的女人穿上短裙或超短裙，并配上适当的高跟鞋，可以给人一种身材变长的感觉。

选择裙装时还要注意袜子的选择。腿较粗的女人，适合穿粗直条的深色袜，使腿显得苗条一些；腿过细的女人，应选择白色或浅色袜子，使腿显得稍粗一些。穿与皮肤同样颜色长筒袜，会给人一种真切的皮肤感，但腿过粗的女人穿上则会过分强调腿的肉感，所以不太合适。黑丝袜既美丽又性感，但不适合腿细的女人。一般腿形的女人，穿连衣裙，配上黑色丝袜和黑色高跟鞋，会更添风采。

此外，袜子与鞋子的搭配也要得当。女人穿裙装，如果想穿得妩媚动人，就要根据自己的体型、气质，尤其是裙长来加以选择。腿形对裙长有特殊要求，这里有个原则，即适合你的裙长是腿部最美的部位。如果双腿修长匀称，短裙长裙随意穿；如果双腿肥粗，在小腿中部才细下来，裙长就应到小腿中部。

2. 步态美

无论是色泽、比例还是着装，说的都是大腿的静态美。可是，腿的天生功用是行走，在动中显示出玲珑玉腿的美来是更关键的，所以，爱美的女人更要关注一下自己的步态美。

举止端庄，仪态优雅，是女人魅力的一大特色。女人的仪态更多地表现在生活中，比如：坐的姿态、走的姿态、站的样子、言谈举止、举手投足、一颦一笑，无不显示出女人特有的魅力。

女人步态美的要求是昂首、挺胸、收腹、上体正直，目不斜视，双臂自然摆动，腰胯微扭，迈步如循一线。起步时脚尖向前方，脚趾不要向内翻或外翻；脚跟先着地，脚趾稍微抬起，不要向前冲，然后再过渡到脚的中部着地，最后到前脚掌。

## 坚持练腿，塑造迷人的双腿

拥有性感纤细的双腿是很多女人的追求，多数女人都想像明星一样拥有性感的双腿。但这样的双腿，只有通过训练才能获得。

要想瘦腿，先要减脂。双腿尤其是大腿与臀部，特别容易脂肪堆积。要想进行减脂，就要控制饮食的摄入，不要摄入太多的热量，防止脂肪囤积，不要暴饮暴食。然后，进行规律性的运动，进行热量的消耗，使身体中囤积的脂肪进行燃烧，才能达到减脂的目的。

有的女性觉得，练习双腿会让双腿的肌肉变粗。这种认识是错误的！原因有二：一个是，女性分泌的睾酮素要少于男性，睾酮素能够增加肌肉；另一个是，从训练动作上看，女性的训练动作负荷强度并没有男性高，其动作对于女性双腿的修饰作用刚刚好。

当然，在练腿的过程中，还要练臀。臀与腿同属于身体的下肢整体，训练能够促进下肢的整体发展。另外，练臀，还能让臀与腿之间的分界线更加明显，向上提拉臀腿分界线，使双腿显得更加纤细修长。

下面就给大家介绍一些关于双腿的训练动作。

宽距深蹲。具体方法如下：身体站直站好，不要弓腰。双臂向斜上方抬起，双腿不要弯曲，双脚分开站，脚尖向外打开，保证两个脚之间的距离大约是肩膀宽的两倍。两条腿弯曲向下蹲，一直到大腿约和地面平行为止。臀部向后坐，在下蹲的过程中身体稍微向前倾斜，双臂放下弯曲，在身体前面坐合十动作。训练动作结束后，控制速度起身，还原到初始的准备姿势。

侧支撑抬腿。具体方法如下：身体侧面支撑身体平衡，双腿伸直。内侧腿伸直，不要弯曲紧贴地面，内侧手弯曲大约九十度，小臂与肘部贴近地面支撑身体。一侧手臂弯曲手，放在耳朵旁边，保证身体在侧面成一条直线。远离地面的腿保证伸直抬起，一直将腿抬到与地面成九十度；同时，腰部下沉，使非支撑手臂的肘部向抬起腿靠拢。训练动作到达所能进行的极限之后，停留片刻，控制动作速度，还原到初始的准备姿势。

跪姿蹲起。具体方法如下：跪在地面上，两条腿并在一起，双脚脚面与小腿贴在地面上，臀部坐在小腿上，保证身体上半身不出现弓腰等情况，两胳膊自然下垂。起身，等到身体与大腿处于同一直线与地面垂直时，向前迈出一条腿，身体成弓步姿势，支撑腿发力，将身体向前运动。运动的同时，另一条腿向前提膝，膝部尽可能地向上抬起。训练动作进行结束后，还原到初始的准备姿势。

弹力带跪姿后抬腿。具体方法如下：身体俯身于地面上，两个胳膊伸直双手贴地，双腿弯曲，膝部与脚尖贴地，支撑身体平衡。在双脚上套一个弹力带，保证身体上半身不要弯曲成一条直线。一条腿向后方向抬起，一直到抬起腿的大腿与身体呈一条直线但是膝部弯曲，再抬起的时候脚用力向后蹬。训练动作结束后，控制肌肉伸展的速度，缓慢还原到初始的准备姿势。

## 足部美：性感“终端”，始于“足”

中华五千年历史，头上脚下一直是女人最爱装饰的部位，而脚更是吸引人的所在。

汉代成帝迷恋妃子赵合德的美脚，南齐东昏侯萧宝卷更是用金子凿成莲花状让爱妃潘氏在上行走，美其名曰步步生莲花，这也是“金莲”一词的由来。

明清时期，以脚来作为评判美女的标准，谁的脚缠的有三寸，谁就是花魁翘楚。

现代社会，时尚的美丽标准已经发生改变，但女人拥有一双美脚仍然会吸引他人。

### 名副其实的“美人足”

通常，所谓的美人足，都具有以下几个特点：

脚面白皙。不管是面部白皙，还是身体白皙，都让人觉得非常好看，脚部白皙同样如此。夏天到了，穿上凉鞋，脚就会完整露出来，如果脚部比较白皙，不管是搭配什么鞋子，都会呈现美好的效果。

脚趾好看。脚趾在整个脚部占有很重要的地位，脚趾头太长或太短，都不太好看，只有适中的脚趾头穿搭凉鞋，才会让人觉得比较好看。

足底健康。美女的美脚除了形状要秀气，线条要柔和外，足底还要健康。健康的足底应当是略带红色，皮肤润滑。

脚踝纤细。脚踝和脚部很接近，脚踝好看，则适合穿搭各种鞋子，不管是帆布鞋、小白鞋，还是小皮鞋、凉鞋，都非常好看。脚踝纤细，还能显得双腿比较修长。

### 脚丫，也能美美的

脚的形状是无法改变的，却可以最大限度地让它变白、变嫩，具体方法如下：

定期为足部去角质。先在热水中将脚部皮肤泡软，如果脚部比较疲累或脚部肌肤比较干燥，可以加入一些精油。像佛手柑或茶树精油具有杀菌、加速血液循环的作用，还能舒缓足部紧张度并软化角质。大概每周一次。

用浮石轻轻地磨掉过厚的角质层。如果角质层硬，可用柠檬皮或 10% 的尿素乳膏搓揉脚部，皮肤会变得更为柔软。用磨砂膏轻轻打圈按摩脚部皮肤，用清水洗净。

保持足部的湿润。脚是全身最干燥的部位，滋润霜不太油腻厚重，使用后，能使足部皮肤变得柔软细腻又滋润。

重视脚部按摩。护理时轻轻按摩脚部肌肤，护肤品才能更好地吸收。

勤剪指甲。要勤剪指甲，剪完后涂一层维生素 E，指甲会更健康，指甲周围的皮肤也不容易脱皮或长倒刺。

选择合适的鞋子。足部的护理固然重要，在鞋子的选择上也不可或缺，这样才能加倍呵护双足。首先，要选择合脚舒适的鞋子。其次，要注重鞋子的材料，首选透气性好的材料。最后，要根据季节和场合选择合适的鞋子。

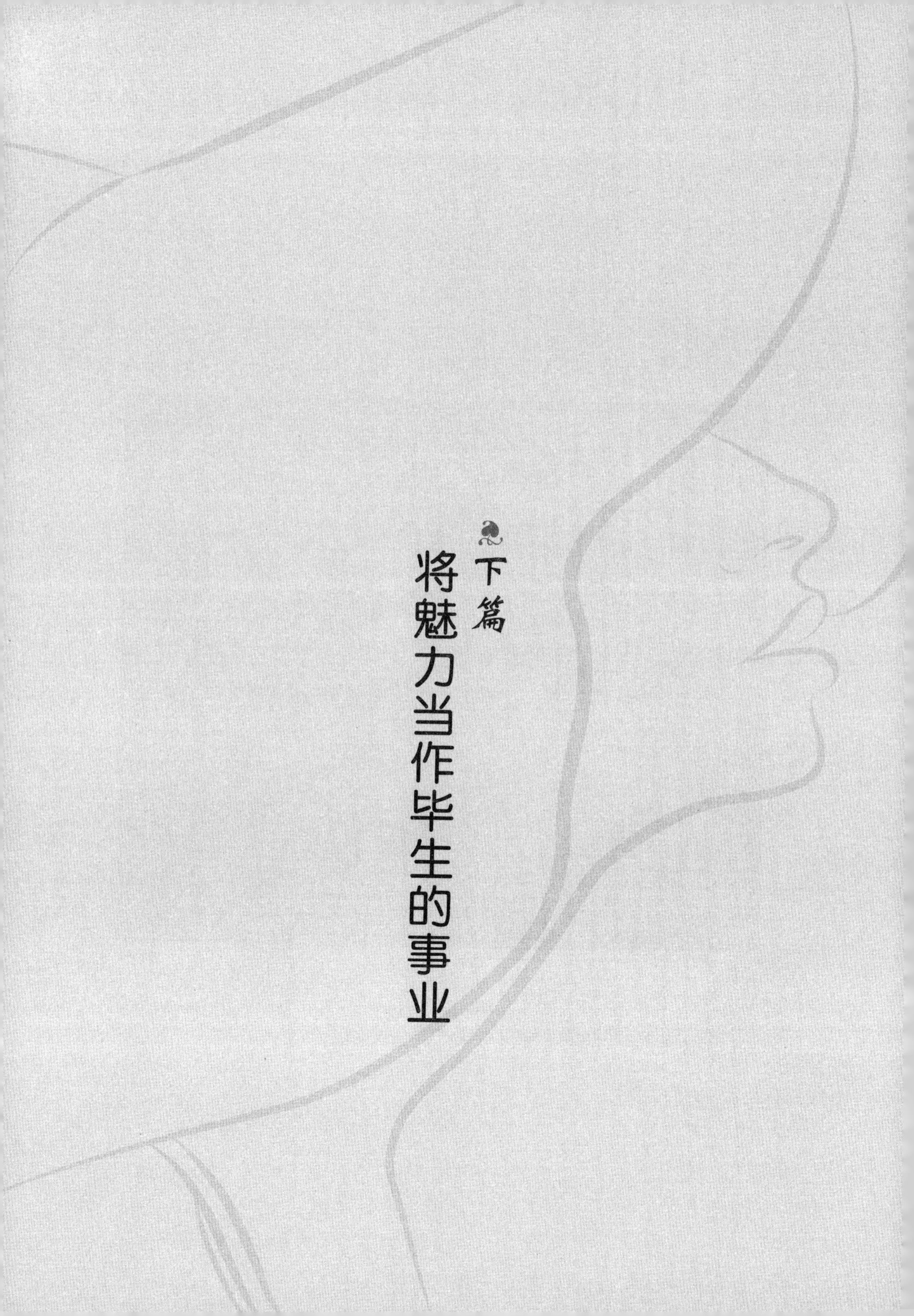

# 下篇

# 将魅力当作毕生的事业

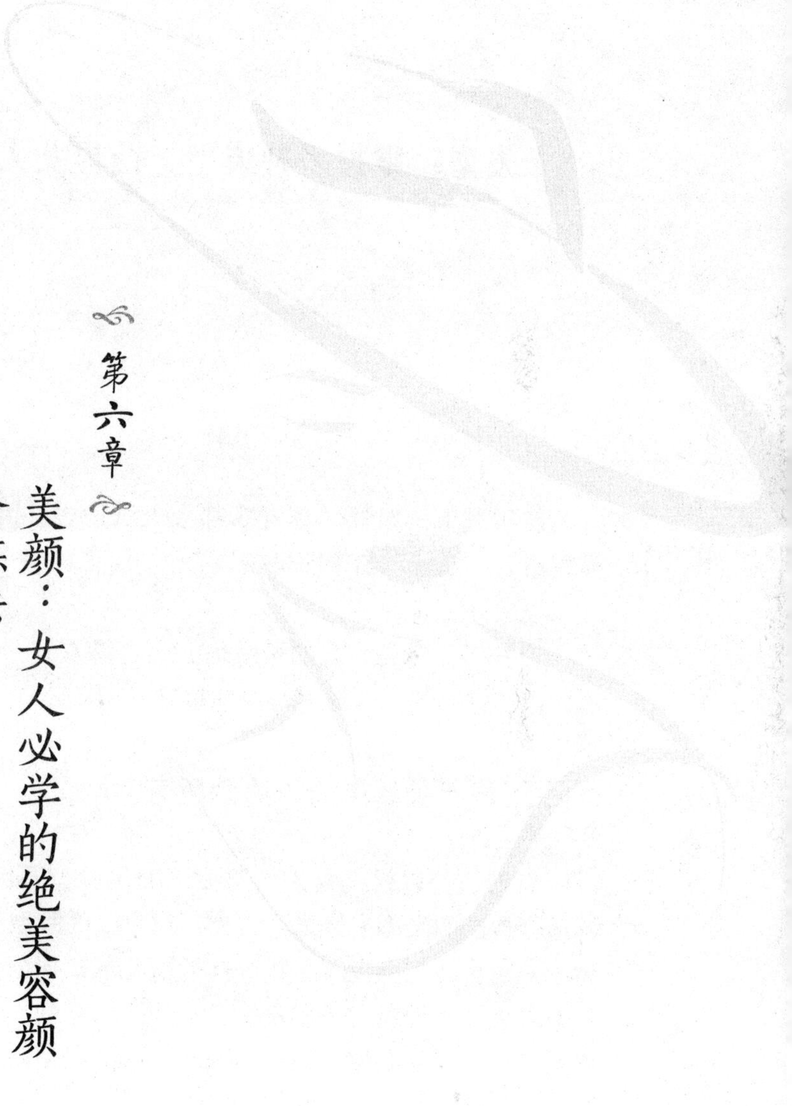

# 第六章

# 美颜：女人必学的绝美容颜修炼法

# 发型：掌握多种发型，凸显女人味

逢年过节的时候，理发店都会人满为患，因为人们都想将自己最亮丽的一面展示给亲朋好友。

理发店，更是女人的聚集地，更容易看到一些魅力十足的女人。因为，有魅力的女人通常都更加重视发型。

## 同一种发型并不适合所有的脸型

发型，可以衬托女人的脸型。如果脸型不够完美，可以通过选择适合自己的发型来修饰。首先，对自己的脸型和头型做出判断，具体方式是：在完全没有化妆修饰的情况下，把全部头发向后梳，用发带束起来，正面对着镜子观察一下，脸的宽度、长度以及各位置的角度。然后，就能根据下面的标准对自己的脸型进行归类了。

1. 菱形脸

菱形脸的女人一般脸部都比较立体，脸型中段较宽，双颊凹陷。颧骨是脸型最宽处，下巴较窄。

宽颧骨是菱形脸最大的特点，为了改善这种状态，要尽可能地修饰一下。比如，利用较长的前发来修饰较宽的颧骨，前发分量要足，最好在侧面烫出发卷或波浪。宽颧骨会让人看起来很硬，而富有蓬松感的形状则会带来可爱的感觉，巧妙搭配，效果更好。

中分线会使脸型显得更加细长、硬化，要尽可能用稍长刘海遮住额头。根据自己头发流向，在左或右侧做出偏分发线，斜向梳理，可以使视线随着发丝的流向移向侧面。如此，偏长的脸形就会被修饰得圆润一些。

如果脸过于瘦削，头发就要尽量侧分，以此来转移别人的水平视线，让脸部从视觉上看起来更宽些。

当然，对脸部周围进行削剪，最好烫出弯曲的发卷，打造通透的空气感，降低层次，脸形才能显得更立体。

2. 圆形脸

这种脸型，脸颊一般都比较圆，下巴线条不够明显，颧骨区偏宽，腮红位置的脸颊丰满，下巴较短。

选择垂直向下的直发，可以让这种脸型在视觉上减弱宽度。

要想破坏圆脸的轮廓性，只要改造其长度即可，让它看起来不再是圆的。最好的方法是，让头发更丰盈，增加发顶的高度和饱满度，在视觉上将圆脸拉长。

在发旋的相反一侧做出分发线，可以增加顶部头发的高度，突出纵长的轮廓，掩饰圆圆的脸型。

对圆脸的人来说，偏分可以突出脸部的纵向线条，因此可以在刘海的位置做好分线。

3. 椭圆形脸

这种脸型看起来像个鹅蛋，却是一种比较标准的脸形，很多发型都适合，效果都不错。

颧骨较明显的鹅蛋形脸，可以将头发卷成或烫成波浪状，也可以将头发修剪成半长发或短发，显得更成熟。

如果想显得更俏皮或减龄一些，可以将耳朵以下的头发剪得短一些，用碎发点缀出古灵精怪的感觉。

把全部头发扎成马尾，露出引以为傲的笑脸，会让整个人显得清爽又活泼！

脸盘儿较大、额头较宽的大鹅蛋形脸，可以利用刘海来修饰额头，给人一种清爽的感觉。

4. 梨形脸

这种脸形似“梨”，又称正三角形脸。下颌骨凸显，头顶及额头偏窄，额头鬓发较长，下颚部较宽，如果发型没有做好修饰，看上去就会像一个正三角形。

选择发型时，可以将刘海削成垂下的薄薄一层，长度齐眉最好，额头被遮，还会隐约闪现，就能削弱窄额头的视觉感，而宽下巴也不会因为刘海的存在而显突兀。

用较多的头发修饰腮部，可以做成学生发型、齐肩中长发，但不能留长直发。如果想留长发，最好先把窄瘦的额头用刘海掩饰起来，再留齐肩的中长型发式，最好不要将头发中分。

5. 方形脸

方形脸头围较长，双颊偏丰满，脸型较宽，腮骨与额头宽度近似，下巴比较短。

可以梳一款低层次的弹性烫 bob 发型，利用大侧分流海和左右不等长的轮廓，制造出不对称的重量感，破除方脸形状，让脸型更立体。

为了转移视线，让腮帮不再突出，可以修剪出长短错落有致的刘海。同时，在耳后稍加一点头发，也能改变视觉效果。

脸庞腮帮突出，会给人以棱角分明的强硬感，可以用较圆润的外形轮廓来营造亲切柔和的氛围。具体方法是：剪出稍薄的颈部头发，长度不要过短；将刘海旁分，让线条显得柔和一些。

6. 长形脸

脸型上下的落差较大，横向距离小，额头较宽，需要给面部轮廓增加一些宽向资本。

想让脸型线条看上去更饱满，可以剪个齐刘海，但要将齐刘海吹出一个完美的弯度。同时，将刘海的长度剪短，做些纹理丰富的造型，做个两侧蓬松卷曲的头发，突出强调下颚的蓬松发卷，脸型就会显得更圆润。

7. 倒三角形脸

脸型长度比宽度更明显，下巴较尖，头围比较宽，给人严肃感。

如果头部两侧突出比较明显，那么可以修剪出短且宽的圆润刘海，突出头型的纵深感，使头部两侧突出的部分不至于过分明显。

剪短颈部头发，头部两侧突出就会比较明显，尖下巴会更显秀气，塑造出俏皮可爱的形象。

## 发型彰显人品

无论选择哪种头发，女人都会在无意中体现出自己的偏好。而事实也证明，发型确实能体现出女人的人品。

披肩直发，会让人感到很柔顺、很舒适，喜欢留披肩直发的女人，性格一般都简单大方，温柔随和，容易相处，朋友很多；他们生活简单，喜欢干净，喜欢简单地相处。

喜欢波浪卷发的女人，身上都有一些浪漫气息。随意垂落的卷发，带着几分妩媚，会让女人看起来更加自信迷人，言行举止魅力十足。她们有自己的想法，不盲目跟从，不会太计较，比较理性，懂得享受。

喜欢丸子头或半扎发的女人，就像小女孩一样，极富童心，特别可爱。她们活力十足，清纯可人，无论什么年纪，都洋溢着青春感。性格和心态都非常好，不服老也不惧老，始终像年轻女孩一样，给人以活力和热情。

喜欢超短发的女人，性子一般都很直爽，处事直率果断，不拖泥带水，清爽大气。对待任何人事，都有主见，喜欢就是喜欢，不喜欢就是不喜欢。生活有条理，能带给人带来快乐；浑身上下都充满热情，容易感染人。

喜欢盘发的女人，一般都端庄自律、温和优雅，最值得他人信赖。不管遇到任何问题，他们都不会慌乱，总能找到自己的解决办法。他们气质优雅却不会高高在上，看起来一丝不苟，懂得关心人。

喜欢微卷Lob头的女人，性格多半都两极化。有温柔可人的一面；又有率性洒脱的一面。这种女人一般都很神秘，处事妥帖稳重。

喜欢马尾辫的女人，在日常生活里一般都不太起眼。她们性格简单自然，活泼开朗，乐观向上，最容易知足，也最容易得到幸福！

发型多变的女人，一般都性格多变，时而活泼，时而温婉，时而优雅，时而率性。喜欢接受挑战，敢于冒险，乐于接触一切的新鲜事物。不喜欢单调沉闷，喜欢刺激。

### 最有女人味的气质发型

暖暖的春风吹起，在浪漫的季节里，很多女人都会摒弃冬日的沉闷，换个发型。那么，哪些气质发型能凸显女人味呢？

大波浪卷搭配小发髻。大波浪卷发是成熟女人的专利，但要想冲淡成熟感，可以在头顶留下小发髻。将可爱与成熟性感完美结合起来，会大大提高回头率。

略带弧度的长发，自然温婉，给人以无限的温柔感。向后梳起刘海，额头就能显得饱满，出门逛街，也具有明星的感觉。

束发时要留出一缕发丝，缠绕在皮筋外部，自己的头发就成了最好的发饰。

中卷度的卷发。将发丝打散，可以从视觉上起到增加发量的效果；简单地把头发别在耳后，整个人看起来都会显得年轻可爱。

低盘发松散但不混乱，露出光洁的额头，能够给人干净舒适的感觉；再配上一个黑框眼镜，更能增添些许文静气质。

温柔松发。将鬓角两侧的头发松松地梳在耳后，找个发卡固定，脸庞看起来会更加干净美好，给人温柔的感觉。

丸子头是日韩最流行的发型，在中国台湾地区也被叫作“道姑头”，可以让女人立刻减零好几岁。

## 眼睛：明眸如水，更能吸引他人的目光

魅力女人的眼睛都独具特色，一双明亮的眼睛，会让人心生好感；一双迷离的眼睛，会摄人心魄。女人是否有魅力，大多看眼睛。

### 天生丽质的“美人眼”

虽然眼睛的形状各不相同，但有几种眼睛很漂亮，只要出现在女人脸上，就会起到画龙点睛的作用。

杏眼。顾名思义，这种眼睛的形状像杏子一样，通常都是圆圆的，异常可爱，楚楚动人，让人有愿意保护的感觉。这种眼睛，眼睑裂宽度比例适当，外眦角较为钝圆，能让五官显得更加饱满，给人一种清纯和年轻的形象。

桃花眼。这种眼睛类似桃花，最大特点就是上眼睑的弯曲弧度大，眼头比较深邃，眼睫毛密集且纤长。微笑时，会像月牙一样弯曲，看人带电，神采奕奕。拥有这种眼睛的女人一般都很有女人味，比较符合大众的审美标准。

狐狸眼。狐狸眼更加狭长，眼角微微内勾，眼尾上扬，往太阳

穴延伸。这种眼型非常妩媚，比较少见。

瑞凤眼。这种眼睛细长，如果想看看自己是不是瑞凤眼，只要对着镜子看看上眼睑遮住了多少眼黑即可。

荔枝眼。这种眼睛很圆，眼黑露出的相对较多，看着非常灵动，可爱又活泼。

### 5分钟轻松画出气质眼妆

女人要想提升自己的气质和魅力，就要掌握一定的化妆技能。虽然眼妆只要经历眉毛、眼线等几个步骤，却能起到完全不同的点缀效果。眼妆画得好，瞬间就能让你变得更有魅力。

眉毛。想要画好眉毛，必须根据自己的脸型来画。如果想避免非主流的眉形，可以选择比较自然的一字眉，但眉毛的长度不能太长。如果你的脸比较大，就可以试着将眉毛适当拉长一些；眉粉颜色最好使用浅色眉粉或深棕色眉粉，以便让眉毛显得更加自然。

睫毛。睫毛不够长，整个人看起来都会少了气质，所以要适当增加睫毛的密度，可以使用“Z”字形的画法：先用睫毛膏从左到右按照“Z”字形刷一遍，然后再从下往上刷一遍，保证刷出浓密的睫毛。最后，用睫毛夹轻轻地把睫毛夹翘，看起来就更美了。

眼影。眼影的选择有很多，建议选择大地色的眼影。当然，要想让效果更加自然，最好用珠光色的眼影打底；然后，将深色眼影刷在眼部周围，出现“重叠”效果，让眼妆变得更有立体感。

眼线。眼线能快速放大原本小而无神的眼睛，画内眼线时，一定不能留出空隙；与外眼线搭配，眼线才能更显自然。最后，只要稍微把眼线笔一翘，就能画出具有特色眼线。

### 魅力女人会护眼

每个女人都向往有一双美丽的眼睛，可是长期处在干燥的办公环境里，忍受电脑的辐射，双眼就会失去自然健康的光彩。为了让美丽从明眸间散发出来，就要保护好自己的眼睛。

1. 护眼三原则

远离烟酒。酒精是眼睛的头号大敌，酒精会进入血液循环，使毛细血管膨胀。眼周肌肉非常娇嫩，血管非常细小，饮酒过度，毛细血管就容易破裂，造成斑点。吸烟时，人体吸入的氧气被消耗，血中的氧含量就会下降，而视网膜对缺氧格外敏感，长期吸烟会导致视神经纤维发生异变；烟焦油也会导致体内维生素 $B_{12}$ 的含量下降，而维生素 $B_{12}$ 是维持视神经所必需的营养物质。

保证颈部健康。颈部的供血会影响到头部供血，继而影响到眼睛供血，特别是经常用电脑及伏案工作的女人，颈部的健康状况是影响眼睛健康最重要的因素。

重视眼部的卸妆。使用睫毛膏或画眼影，卸妆不干净，会破坏眼内局部的腺体结构，导致分泌物异常。

2. 女人护眼的注意事项

看电脑时眨眼睛。长时间对着电脑，眨眼次数会从 1 分钟 15 次到 20 次，下降到 1 分钟 10 次以下，眨眼次数越少，眼分泌物越少，容易引发干眼症。因此，用电脑办公时，要有意识地多眨眼。

控制好看电视的时间。目前，电视机的生产技术已经使辐射降低到很小，相较眼睛到电视机的距离，看电视的时间长短反而更易对眼睛造成影响，因此看电视节目的时候，要控制好时间，每隔一段时间就要停下来休息一下。

学会“挤眉弄眼”。闭上眼睛转动眼球，或挤挤眼睛，使眼周肌肉收缩，刺激泪液的分泌，就能让眼睛得到休息。

减少糖的摄入。吃过多糖分高的食物，会加大维生素的消耗量，从而伤害眼睛健康，因此要减少糖分摄入量。

多吃偏碱性食物。偏碱性食物有利于眼睛健康，比如，绿色蔬菜、胡萝卜等。

不要让眼睛吸入二手烟。不仅不要接受别人递来的香烟，而且无论身在何处，就要让自己身处“禁止吸烟区”。

保持合适的光线。室内光线太强或太弱，都不利于眼睛，最好使用柔和光线，使用磨砂灯泡。

## 眉毛：黛眉巧画宫妆浅，魅力方能更展现

眉毛是脸部的一个组成部分，虽然没能发挥太大的功效，但对女人的外貌有着重要影响。

好的脸型配合好看的眉形，能给脸庞增色三分。想要画出好眉形，就要根据眉毛的生长周期进行。

眉毛的生长周期分为：生长期、休止期和脱落期。生长期是2个月，休止期大约半年，然后就会自然脱落。女人的眉毛生长速度会受到性别、年龄、季节等因素的影响，夏季比冬季长得略快，夏天要每3天修理一次眉毛，冬季约5～7天修理一次。眉毛的粗细、整齐与否，都会影响到画眉的效果。

### 提前准备，有备无患

描眉前，要把眉毛梳理一下。如果眉毛比较粗大，要先用眉钳拔掉长得比较杂乱的。注意，要顺着眉毛生长的方向拔，否则容易破坏毛囊。

修理的时候，可以自然地顺着眉形走；如果需要将眉形挑高，要尽量将眉毛上线的部分沿着眉形修理好。修理好的眉毛大致都朝着一个方向，画眉的时候，也要沿着这个方向。

眉笔的选择，要以能衬托肤色为最佳。

将眉形修理好后，可以在眉毛中央沿着眉形画一条弧线，然后再逐渐用眉刷扫开。

### ❀ 不同脸型的描眉法

眉毛粗细适度，比较秀气，画起来就不需要花费太多的功夫。画眉的最高境界是“画如不画”，即画完眉毛却没有让人发觉你画过，但是你确实比没画时漂亮多了。如果眉毛比较好，就要用合适的眉形来衬托眼睛和脸型。

瓜子脸。这种脸型比较容易修饰，可以蜻蜓点水地顺着眉毛画成弯月的形状。记住，画的较细，才能使瓜子脸显得更加千娇百媚。

长脸。脸型比较长的女人，可以留齐刘海，将眉毛遮住，或画水平眉，显得比例更好些。

方脸。不要描粗而长的眉，尽量描得细一些，弯度可以大一些。

圆脸。这种脸型，最好沿着眉形上沿画，将眉形稍稍挑高；画得太低，脸就会显得大而短。

三角脸。可以将眉毛描得粗一些，不要用刘海遮住额际，否则会让脸下半部显得更宽。

倒三角脸。这种脸型，要尽量将眉毛描得细一些，不要画出太大的弧度，可以配合平直的刘海，但不要遮住眉毛。

总之，画眉的技巧很多，如果自己搞不明白，美容的时候，完全可以请美容师为你画眉。只要目测一下你的眉长，他们就能给你修成眉尾尖与外眼角平齐的造型。

当然，画完眉毛也不是万事大吉了，要将其再梳一下，用眉剪把长出来的眉毛修剪平整，否则会破坏眉形的美观。

### 得体修眉，获得理想眉形

修眉是一门技巧性很高的技术，要想做出理想的眉形，既要掌握一定的操作技术，又要耐心十足、认真仔细。那么，如何塑造适合自己的完美眉形呢？

备好用具。修眉前先准备好眉钳、小镊子、眉笔、眉刷、镜子、小剪子、润肤霜和小棉球等用具。

清洁眉毛。对着镜子用小眉刷轻刷双眉，除去粉剂和皮屑。用棉球蘸收敛性皮肤水，擦拭眉毛及周围，使之清洁。

软化眉毛。用温水浸湿的棉球或热毛巾盖住双眉，使眉毛部位的组织变得松软。

确定眉形。用眉笔画出适合自己的眉形。记住，留在轮廓线以外的眉毛都是多余的。

调整眉形的长度。把太长的、垂直向下生长的眉毛修剪到合适长度，越靠近眉头越要留的长一些。从眉毛正中到眉尖，除非形状不好，不要剪得太短。

修整形状。用眉钳把多余的眉毛一根根拔掉，就能获得理想的眉形。为了减轻拔眉毛时的疼痛，拔前可以涂些润肤霜。拔时，要沿着眉毛生长方向向外或向上拔。

剃掉杂毛。用剃刀将眉毛周围的毫毛等多余的毛刮掉，之后，用收敛性化妆水拍打双眉及其周围的皮肤，收缩皮肤毛孔。

轻刷眉毛。修整完，用小刷子轻刷双眉，使眉毛保持自然形态。必要时，可以用眉笔修饰。

# 皱纹：攻克皱纹，才能越活越漂亮

随着时间的推移，女人的肌肤会变得松弛和下垂，紧跟其后，还会有很多越来越清晰的纹路展现。

皱纹，对于心思敏感的女人来说，就是一个开始变老的信号。看到第一条皱纹出现在脸上时，很多女人不禁会思考："我已经要变老了吗？"

人们常说："树老先老根，人老先老眼。"眼睛是女人面向世界的一扇窗户，眼部也是最先、最容易沾上尘埃的，而女人的第一条皱纹，就是从眼部开始。如果把女人的面部比作一幅地形图，那眼部就是这张地图上的沙漠，全年干旱少雨，最终就会产生一条条沟壑（皱纹）。

## 重视女人的第一条皱纹

女人的第一条皱纹为何会从眼部而来？原因主要在于：

光老化。除了自然衰老外，光老化是女人变老的第二元凶。眼部是面部皮肤中最薄、最敏感、最脆弱的地方，阳光中的紫外线是眼部肌肤老化的催化剂。相较于其他部位，眼部的衰老会更明显。

太过疲劳。在五官中，眼睛使用的次数最多，各种面部表情都会牵动到眼部肌肉。专家统计，一个人每天平均会眨眼 2 万多次，长期高强度地眨眼，会让眼部过于疲劳，造成皮肤松弛和皱纹。

皮肤最薄。眼部皮肤最薄，厚度只有 0.33 ～ 0.36mm，大约是面部皮肤的 1/4。而且，眼部皮肤的毛细血管非常脆弱，容易受到外界因素干扰，出现水肿、黑眼圈、眼袋、细纹等现象。

敏感脆弱。眼部皮肤是面部皮肤中最敏感脆弱的，选用的护肤产品最好是安全及温和的。护眼产品使用不当，反而会加剧眼部衰老。

皮肤太干。眼部皮肤是面部皮肤中最干燥的部分，几乎没有皮脂腺和汗腺的分布。所以，眼部周围经常会出现干纹、细纹。

### 女人脸部存在哪些皱纹

要想消除皱纹，首先就要了解皱纹。

肌肤纹。无论是维 C 的美白，还是维 E 的抗氧化与抗衰老，以及目前最热门的各种维 A 衍生物，都能让肌肤皱纹减少，所以，为了减少皱纹，就要涂抹富含不同维他命成分的营养霜，多吃富含各种维生素的食物，给肌肤提供丰富的营养，改善皮肤弹性。

眼袋纹。肌肤经常处于干燥的状态，或季节交替过渡时，很容易产生眼袋纹。要想减少眼袋纹，可以选择滋润效果较佳的眼部护理产品。另外，洗脸过后，要尽快擦些眼部保湿产品，让眼部肌肤维持一定的湿度。

颈纹。颈部缺水，就会产生颈纹。要想减少颈纹，可以将膏状面膜均匀涂抹于颈部，15 分钟后再用清水清洗干净。当然，尽量不要使用撕拉型面膜。因为颈部肌肤比较松，经常使用撕拉型面膜，会令肌肤变得更松弛，更容易出现小细纹。

抬头纹。抬头纹出现在脑门处，消除的方法为：用毛巾将发际以上箍紧，使额头皮肤紧绷，然后涂上适量橄榄油，以中指、食指、无名指指腹轻轻来回按摩额头 20 分钟。每天一次，坚持 1 个月。

鼻梁纹。鼻梁纹一般都出现在鼻梁上，可以使用这样的方法消除：将含有胶原蛋白、六胜肽等成分的紧致抗皱眼膜贴在鼻梁纹上，同时对鼻梁纹部位做提升动作的按摩，刺激细胞活力，令纹路平复。

鱼尾纹。每天咀嚼口香糖十几分钟，不但能清洁牙齿，还能使面部鱼尾纹减少，让面色红润。

### 预防皱纹，从自身做起

皱纹，确实是困扰很多女人的一大问题。这里，就给大家介绍几种预防皱纹的方法。

不要让身材忽胖忽瘦。很多女人一吃就胖，努力减肥后就瘦了，可是一段时间不注意就又会变胖。在胖瘦之间变化，肌肤的紧致就会慢慢跟不上你的速度，肌肤会变得松松垮垮，失去原本的弹性。为了减少这种事情的出现，就要合理地紧致肌肤，增加皮肤的弹性和柔韧度。

控制好挤眼的力度。很多女人虽然长得很漂亮，眼角纹路却很深。主要是因为她们性格开朗，非常爱笑，且笑的时候还会挤眼睛，成为一个月牙。这种样子虽然很好看，但会增加眼睛周围的纹路。所以，为了减少皱纹的出现，就要尽量控制自己的表情，减小动作幅度，力度也要柔和些。

洗脸不要太用力。很多女人洗脸的时候，为了洗干净，会使劲地揉搓脸。其实，这样不但不能做到有效清洁，还会增加脸部的松弛速度，增加肌肤的纹路。

减少抬眉的次数。眉飞色舞，抬头纹就会很重。谈笑风生的时候，说到开心之处，有些女人的眉毛似乎也在不断飞舞。抬眉的时候，就会增加额头肌肤的松弛度，促使抬头纹的形成。抬头纹一旦形成，就不容易消退，因此要减少抬眉的次数。

按摩力度要轻柔。很多女士都喜欢做脸部按摩，为了提高按摩效果，有些女人就会加大力度，结果只能适得其反。其实，要想实现理想的按摩效果，手法应当轻柔，同时还要保持肌肤的足够滋润。

做好眼部肌肤的滋润。干性肌肤最容易生长纹路，油性肌肤的女人就很少有纹路，所以如果想减少纹路，就要让肌肤保持足够的湿润。做好保湿工作，纹路产生的速度就会比较慢了。

## 鼻子：好看的鼻子，为面部注入灵气

据说，婴儿在母腹中最先形成的是鼻子，所以始祖才被称为鼻祖。这种说法或许不科学，但鼻子确实是面部最突出、最引人注目的地方。魅力女人的脸蛋，通常都有一只漂亮的鼻子，鼻子长得不好看，其他部分再漂亮，也会影响效果。

鼻子犹如一架天秤，长在面部正中，协调着五官的平衡，决定着整个面部特别是侧面的轮廓，其形态也是女人衡量美丑的重要指标。俏丽娇挺的美鼻，可以给平庸的面部加分，让俊俏的脸蛋更具立体感，更能充分体现女性魅力。如果说眼睛是心灵的窗户，那么鼻子就是女人魅力的最佳体现。

### 魅力女人的标准鼻型

美丽标准的鼻型，通常可以从以下几个方面来综合衡量：

鼻子的位置。以鼻根为中心，以鼻根至外眦的距离为半径画圆，就是鼻子在面部的位置。标准的鼻子位置为：鼻的正面观及侧面观呈黄金三角形；鼻小柱与上唇人中呈90°直角；正常形态为球形，鼻尖与鼻孔比例为 1∶2。

鼻的长度与宽度。鼻子的长度为额面长度的 1/3，成人一般为 60.75mm；鼻的宽度一般是鼻长的 70%。理想的外鼻长度为面部长度的 1/3，鼻头为 6 ～ 7.5cm，鼻子长度与鼻头比例呈 1∶0.67。

鼻子的高度。鼻根高度，是指鼻根在两眼内眦连线上的垂直高度。女人理想的鼻尖高度相当于鼻长度的 1/3，约为 23mm；鼻小柱高，女人平均约 11mm。

鼻头的弧度。美观的鼻型，鼻翼缘和鼻小柱最低部分的轮廓往往会呈现出柔和的“海鸥翅膀”外观。

如果你的鼻子同时具有这 5 个特征，也就拥有一个完美的鼻型。

### ❀ 巧妙修饰，让鼻子变美

要想让自己的鼻子变美，就要进行必要的修饰，具体方法如下：

在鼻梁两侧涂上深色阴影，尽量画直。可以使用双头修容笔，深色用在脸颊两侧，从视觉上打造小脸效果，还可用来打鼻影，让鼻子看起来更挺，配合高光使用效果更佳。

用小号刷子晕开，边界要过渡自然。小号斜口刷蘸取阴影粉，修饰鼻头。使用高光粉能够很好地瘦脸瘦鼻梁，也能轻松搞定阴影、鼻影和侧影，轻松打造“海鸥线”。

从山根开始，用提亮粉在鼻梁中央进行修饰。蘸取阴影粉，在眼角与山根连接的地方做过渡晕染。如果鼻部因为发育的原因，出现低平、圆钝、短小或肥大等问题，就要采用适合的方法进行调整。

## ❀ 鼻子，也需要用心呵护

鼻子是女人的宝贝，一个高耸而挺直的鼻梁是女人们都渴求的。当然，鼻子最重要的作用还是帮助呼吸，好好爱护鼻子，不仅能保护美丽容颜，更是对生命的珍视。

减少不良习惯。常用手指挖鼻孔，既不雅观，又是一种不良的卫生习惯，还能使鼻毛脱落、黏膜损伤、血管破裂，引起出血。一旦引发鼻腔感染，严重时甚至会危害大脑健康。另外，经常剪鼻毛还会削弱鼻腔地防御机能。

关注粉刺。鼻子上的粉刺和痤疮影响美观，也会引起鼻部不适。为了防止粉刺的发生，应注意皮肤卫生，保持皮脂腺的畅通。平时多吃些蔬菜，保持大便通畅，少吃或不吃刺激性强的食物，更不要喝酒。鼻子周围的粉刺和痤疮，不能用手挤压，以免引起不良后果。

减少气味刺激。过多的不良刺激，可能会影响鼻黏膜的功能，使嗅觉发生障碍，应当尽量避免灰尘、化学等有害气体或特殊气味的刺激。鼻腔的温度一般为32℃左右，气温过热或过冷，都会对鼻黏膜的功能造成不良影响。

经常洗鼻子。无论任何季节，都要用冷水洗脸，并在清洗时对鼻部进行适当按摩，以此来改善鼻内血液循环，提高抗冷御寒能力，减少伤风感冒的机会。另外，适当地使用生理盐水清洗鼻子也有利于鼻炎、鼻窦炎的早日康复。

用正确方法擤鼻涕。感冒后，往往伴有鼻塞或流鼻涕等症状。

有鼻涕需要清除时，应该先擤一侧，再擤另外一侧，以防鼻涕进入咽鼓管和鼓室，引发急性中耳炎。

不要忽视鼻病。鼻腔疾病不易被发现，往往一经发现，就已经晚了。因此，只要发现了鼻塞、脓涕或涕中带血丝等症状，就要及时到医院就诊。

## 唇部：最是那一抹红唇

在五官里，嘴唇起着非常好的点亮效果。精致的妆容和口红一般都分不开，而好看的唇形还能为口红加分。如果唇形不好看，即使涂上口红，也很难达到让人为之倾倒的效果。拥有好看的唇形，再涂抹上适合自己嘴唇的颜色，整个人的气质都会不一样。

### 唇形好看，颜值都不会差

漂亮的唇形，主要有下面三种：

带唇珠的M唇。M唇称为美人唇，很少见。这种嘴唇给人一种娇滴滴的感觉，唇峰的地方也有唇珠，看上去特别惊艳。无论涂不涂口红，这种嘴唇都很好看。两边的弧度完美地修饰了脸型，看上去更精致。

嘟嘟唇。有这种嘴唇的女人一般都娇小可爱，只要稍微化个淡妆，涂上唇膏，就能给人一种特别娇小可爱的感觉。这种嘴唇不太薄，很小巧，特别讨人喜欢。有这种嘴唇的女人，颜值通常也很高。

微笑唇。微笑唇又称为嘴角上扬唇，给人一种在笑的感觉，看上去平易近人。

## 魅力唇妆

嘴唇与眼睛一样，可以增加脸部的神韵，艳艳红唇更是性感的象征。女人的一颦一笑，在不经意中，总能流露出独特的个人气质。当然，要想拥有独具魅力的唇，就要正确运用唇膏、唇线笔、唇彩和遮盖霜来修饰调整唇型。

增加薄唇的立体感。色泽鲜艳的唇膏不会使薄唇变厚，只会显出活泼；深色唇膏，也不会改变唇薄的感觉。要想改变薄唇，就要使用接近于嘴唇本色的唇线笔，画出大于嘴唇本来轮廓的唇线，在上唇的最中央描出优美的曲线，但不必画到嘴角。画完唇线后，用唇笔仔细涂匀；然后，在唇中央涂上一点亮光唇膏，使嘴唇显得丰满些。

使厚唇显得薄一些。遮盖霜是最好的“橡皮擦”，将遮盖霜涂在手指尖，然后薄薄地涂在唇边，“擦”去嘴唇本来的轮廓线。上下唇线都要画在嘴唇轮廓的内侧嘴角两边，比原来轮廓分别向两边画出1mm，整个嘴唇的线条才会显得平滑，使厚嘴唇变薄。如果想使双唇更平滑，可以用暗色唇线笔在嘴角处加上阴影。

使用不同颜色，调整唇型。使用两种颜色的唇膏，是调整唇形的最好方法。厚唇涂深色唇膏，薄唇则使用浅色。此外，还可以在厚唇上用遮盖霜掩饰嘴唇本来的轮廓，然后在原轮廓线内侧画唇线，薄唇部分在轮廓稍外侧画唇线，最后在唇线内涂满唇膏。

让唇型左右保持平衡。两侧不平衡的唇形不能使用深红色唇膏，如果左右唇不平衡很明显，就要借助遮盖霜来做调整，但涂入轮廓内最多不要超过1.5mm。然后，对着镜子笑笑，看看是否平衡，再进行调整。

画出圆滑柔和的唇峰。没有唇峰的嘴唇，会给人一种冷漠的感觉，所以要在上唇画出圆滑的唇峰，然后在轮廓线内涂满唇膏，最后再稍加修饰。

### 不同唇型的勾画技巧

不同的唇形，要使用不同的勾画技巧。

理想的唇形一般都轮廓清晰，唇峰凸起，唇结节明显，下唇略厚于上唇，唇角微翘，唇型圆润。修饰方法：依原有唇型勾画出细而实的唇线，在唇线内的唇面上涂满唇膏，以张开嘴唇，唇角不露唇本色为标准。

有的女人上唇过厚，有的女人下唇过厚，有的女人是上下唇均过厚。嘴唇过厚，会让女人显得不够秀气。修饰方法：将遮盖霜涂在嘴唇边缘，甚至包括唇面，并用蜜粉固定；用深色唇线笔沿唇角勾画，保持嘴型本身的长度，将其厚度轮廓向内侧勾画；唇膏宜选用偏冷的深色，使厚唇得到收敛。

嘴角下垂，会让人显得愁苦。修饰方法：将遮盖霜涂到嘴唇轮廓的周围，尤其是唇角部位，再用唇线笔勾画轮廓线，改动嘴唇两侧的轮廓线，使嘴唇具有上翘的趋势。画上唇线时，唇峰略压低，唇角略提高，嘴角向内收；画下唇线时，唇角向内收与上唇线交会。

过薄的嘴唇，会让人看起来显得不够大方，缺少女人的丰满、圆润的曲线美。修饰方法：用唇线笔将轮廓线向外扩展，在原有的唇线外勾画一条唇线，上唇的唇峰描画圆润，下唇增厚，唇面上涂上亮光油，唇膏应选用偏暖的色彩。

## 牙齿：牙齿美白，笑起来才好看

牙齿是身体的一面镜子，牙齿的状况能在一定程度上能反映身体的健康程度，相应的，身体的健康状况也会影响牙齿及牙周的健康情况。女人要更注意牙齿的护理，因为女人的激素水平波动比较大，会影响到牙齿的健康。

在工作生活中难免要跟别人交往，一副洁白的牙齿，往往能够给他人留下好印象。

### 预防是美护牙齿的第一步

要想美护牙齿，就要提前做好预防，知道牙齿变黄的原因：

没养成好的口腔卫生习惯。有些女人不注重口腔卫生，比如，不刷牙，不用水漱口。牙齿表面集聚大量的食物残渣，就会形成牙结石或茶渍等，无法祛除，最终导致一口黄牙。

平时喜欢抽烟喝酒。在生活中，女人如果喜欢抽烟喝酒，多数都会生出一副黄牙，甚至会有发黑的迹象。

牙齿的老化。随着年龄的增长，牙齿会逐渐老化，失去原本的光泽，变成淡黄色；再加上没有养成好的口腔卫生习惯，牙齿自然就会变成黄色，还会面临很多口腔疾病。

### ❀ 正确刷牙，是对牙齿最佳的呵护

要想让自己的牙齿白起来，就要使用正确的刷牙方法。

每天刷牙两次。女人想要洁白牙齿，最好每天刷牙两次，特别是早晨醒来后和晚上睡觉前。不能为了偷懒就随意省略掉其中一次，也不要太过关注牙齿的洁白程度而一天刷多次牙。刷牙次数不足，牙齿污垢得不到及时的清除；刷牙次数过多，则会损伤牙齿表面的牙釉质，要把握好其中的度。

正确选择牙膏。牙膏的种类有很多，各有各的功效，所以女人在选择牙膏的时候，一定要从实际需求出发。比如，要想增加美白的效果，而你的牙齿表面却非常敏感，就可以选择抗过敏牙齿，不要盲目跟风。

巧用小苏打。刷牙的时候，可以牙膏里加点小苏打，刷得会比较干净，牙齿也就能变得洁白。

### ❀ 成为护齿达人

现代社会人们工作压力大，生活节奏快，如何才能保护好自己的牙齿健康呢？

选购适合自己牙齿的牙刷，避免伤害牙齿。

保持饮食平衡，少吃特别坚硬的食物，多吃一些水果，提高身体体质。

定期去牙医诊所做牙齿健康检查，并做好自己的牙齿健康护理。

# 第七章

# 美装：每个女人心中，都有自己的时尚

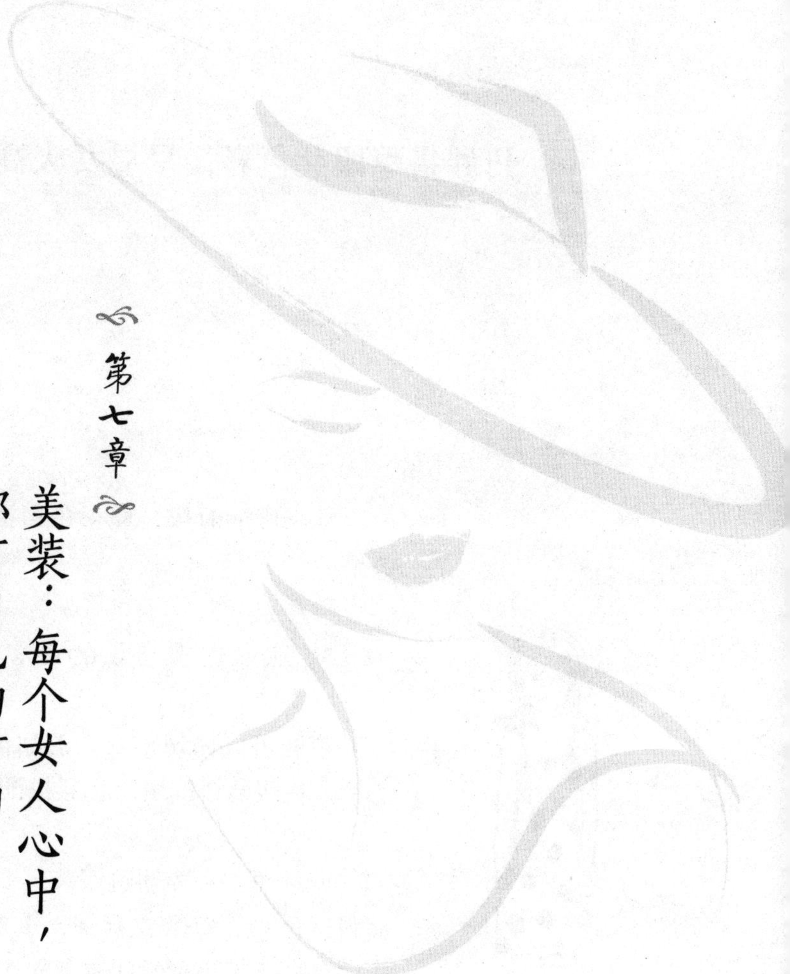

# 巧妙搭配服装色彩，尽显女人高雅气质

穿衣服的时候，懂得色彩搭配，才能穿出最佳效果。

## 服装也有自己的语言

色彩可以体现出女人的品位，可以影响女人的心情。在服装搭配中，色彩搭配也是最基本的因素。

服装语言主要通过服装三要素来表达，即款式、面料、色彩。每个要素都很重要，而最重要的一个当属色彩。因为视觉印象首先来自色彩的冲击。

在服装设计中，色彩起着视觉作用，是科技与艺术的一种结合艺术。人们首先看到的是颜色，其次是服装造型，最后才是服装材料和工艺问题。所以，作为服装的组成部分，服装色彩对于一个人的影响是巨大的。

## ❀ 让专业的“色彩诊断”来帮你

所谓“色彩诊断”就是专业的色彩顾问根据女人的五官、肤色、发色、瞳孔色等人体色特征，用20色布、46色调布来为女人测试，看看什么颜色好看、什么颜色更有气质等。

为什么要做色彩诊断？现在很多女人买衣服，都很盲目，往往衣橱里的衣服已经爆满，还是感觉没衣服穿；不知道什么样的颜色适合自己，无法穿出最出彩的效果。

进行专业的色彩诊断，好处如下。

能够知道哪些颜色能突显女人与生俱来的自然肤色；能够解决女人在选购物服饰色彩时的困惑；能够为工作繁忙的女人，节省购物时间，提高购物效率；能够将女人的个人用品，如服装、首饰和家居摆设等搭配的得心应手；能够解决女人衣橱爆满、出门前却总感觉“没有衣服穿”的烦恼；能够让女人知道，适合自己的颜色并不是只有一种，还有很多漂亮颜色。能够解决女人总穿单一颜色衣服的困境；能够帮助女人尽情展示自身独特的魅力，树立鲜明的个人形象。

## ❀ 服装颜色巧搭配

在日常搭配衣服时，很多女人只知道，不能红配绿，不能上身深、下身浅。其实，颜色搭配也有很多小技巧。

1. 主色和点缀色的用法

主色。所谓主色，就是占据全身色彩面积最大的颜色，只要占全身面积的 60% 以上就是主色。通常，这种主色单品都是套装、风衣、大衣、裤子或裙子等外套类型的服饰。

点缀色。点缀色只占到全身面积的 5% ～ 15%，通常都以饰品的形式存在，可以起到画龙点睛的作用。

2. 自然色系的搭配法

暖色系的颜色。除了黄色、橙色、橘红色等之外，所有以黄色为底色的颜色都是暖色系的。暖色系会给人华丽、成熟和朝气蓬勃的感觉，适合搭配无彩色系，除了黑白两个经典色，还可以使用驼色、棕色和咖啡色。

冷色系的颜色。主要以蓝色为底的色彩。与冷色基调搭配的无彩色，最好选用黑色、灰色，不要跟驼色、咖啡色搭配。

3. 有层次地运用色彩的渐变搭配

选用同一种颜色，利用不同的明暗搭配，也能给人制造一种和谐有层次的韵律感。

此外，不同颜色、相同色调的搭配，也能给人一种和谐美。

4. 主色配色，化解搭配的困扰

单色的服装搭配并不难，只要找到能与之搭配的和谐色彩即可。但如果衣服既有图案又有花样，就不容易进行服装搭配了，不过也有方法可循。比如，黑、白、灰等色是永恒经典搭配色，无论色彩组合多复杂，都能融入其中。

选择搭配的单品时，在已有的色彩组合中，不管选用任何一种颜色，都可以给留下人和谐的印象。同样一件花色单品，与不同色彩组合搭配，不但协调好看，还能让人们的心情发生微妙改变。

5. 运用小件饰品装点

如果衣柜里的衣服色彩不太丰富，就要多准备一些饰品，稍加点缀，让颜色并不丰富的服装推陈出新。

6. 上呼下应的色彩搭配

实在不知道该如何搭配，就要遵守下面两个规则：

全身色彩以三种颜色为宜。如果不了解自己的穿衣风格，穿着就不要超过三种颜色。通常，整体颜色越少，越能体现魅力的气质，还会给人留下利落和清晰的印象。

全身服饰色彩的搭配避免一比一，尤其是穿着的对比色，最好是三比二或五比三。

# 丝巾，女人身上最灵动的配饰

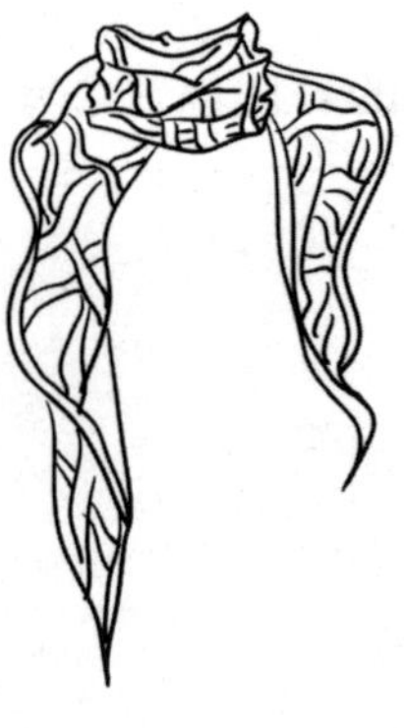

赫本曾说：“当我戴上丝巾的时候，我从没有那样明确地感受到我是一个女人，一个有魅力的女人。我只有一件衬衫，一条裙子，一顶贝雷帽，一双鞋，但却有 14 条丝巾。”

好莱坞女神伊丽莎白·泰勒也曾形容：“没有丝巾的女人，没有未来。”

纵观时尚圈，很多女人都在用丝巾为自己加分。

丝巾，是女人的万能配饰！

## 爱丝巾的女人更飘逸

丝巾，能让女人变得更有气质，很多丽人都喜欢佩戴它，无论冬夏。

在春天和秋天稍有凉意的季节，将脖子暴露在空气中，就会感觉很冷，系一条丝巾，就能给我们带来温暖。而且，饰品还是服装搭配的一大元素，选择一条适合自己的丝巾，能让自己受益许多。

功能性。作为一种配饰，丝巾具有极强的功能性，所以善用丝巾，可以一举数得：长时间的商务旅行会使衣箱成为沉重的负担，多带几条丝巾，搭配不同的套装，设计好佩戴方案，会收到不同的效果。当然，丝巾的系法也对着装效果起着很大的作用，比如：出席晚宴时，把长形丝巾随意搭在肩上，会营造飘逸魅力的气质；商务场合，简洁利落的蝴蝶结和链状结，最能给人干练的意味。

方便性。为了方便生活和工作，完全可以提前在抽屉里放一些丝巾，遇上来不及准备的活动，巧妙地运用丝巾进行搭配，也能让你的着装风格瞬间变换。当然，灵感还要来源于你的大胆创新，比如，把大号方形丝巾的一端系在颈间，另一端系于腰部，就是一件华美的胸衣，出席晚宴和娱乐场合绝对没问题。

修饰性。很多女人的烦恼之一就是，虽然衣橱里塞得满满的，还是觉得衣服不够穿。这时候，一条丝巾就是解决方案。挑选多种规格、色调协调的丝巾，配合不同的系法，会使你的服装常穿常新。此外，对于脖子太细长或太粗短的女人，丝巾还能起到很好的修饰作用。

多用性。女人是时尚的创造者，可塑性极强的丝巾也就成了手中不可或缺的工具。如今，丝巾的用途已被推广到更宽泛的领域，系在腰间就是腰带，提在手里可以当手袋，挂在墙上就是风格独特的装饰画。善用丝巾，你就是一道风景。

## 挑选合适的丝巾，时尚过秋冬

丝巾是女人优雅与魅力的象征，那么，怎样才能选到适合自己的丝巾，展现出自己独有的韵味呢？

丝巾面料。丝巾的档次如何主要由面料来决定。目前，市面上比较常见的丝巾面料是真丝和棉纺。真丝面料通常以桑蚕丝为原料，手感细腻丝滑，光泽润泽迷人。此外，还能调节体温，对肌肤产生保健作用。还有一种是棉麻面料。棉麻是“天然空调”，既具有不错的吸湿透气性，还有丰富的肌理感，轻薄舒适，自带淳朴气息，能够打造恬静文艺的气质。

丝巾颜色。丝巾的颜色有很多，只有选择适合自己肤色的，才能凸显气色。对于黄皮肤来说，比较百搭的是红色系、橘色系、黄色系等暖色系。当然，如果你的皮肤比较白皙，绿色、紫色、蓝色等冷色系也可以搭配。另外，中性色系也比较百搭，也就是白色、黑色和灰色。

丝巾形状。丝巾的大小和形状有很多，不同的大小和形状也有不同的作用，比较常见的是正方形和长方形。正方形的丝巾可以在颈部围一圈打个蝴蝶结，比较秀气。也可以用作头巾和包包的点缀物，为装扮起到画龙点睛的作用。方形的丝巾能够给人飘逸的感觉，可以作为披肩，可以围在脖子上，还可以垂顺地挂在胸前或脖颈处打个结，轻松打造飘逸迷人的造型。

## 正确搭配丝巾，画龙更点睛

丝巾是女人非常喜欢的饰品，而丝巾的款式也不尽相同，不仅能凸显你的气质和品味，还能考验你的时尚度。那么，该如何搭配才好看呢？

发饰丝巾。将丝巾用作发饰也是一个不错的选择，很多街拍达人、时尚博主，都很喜欢这样做。不管是直发还是卷发，大胆尝试把丝巾扎在一起，绝对能让成为人群里最显眼的那一个。

系在脖子上。北方的初春脱去冬装，穿上相对薄一些外套，就能将脖子露出来。一件内搭加上一件外套，脖间系一条丝巾，不管长短，既保暖又能当配饰，一举两得。

系在脚腕上。有些时尚达人会将丝带系在脚腕上。一条九分牛仔裤加上一双平底鞋，系上丝带，不仅能修饰腿型，还会给整体造型增添了一抹色彩。

丝巾腰带。随着时尚的快速发展，很多女人已经不再喜欢老旧形式的腰带，她们会将丝巾作为腰带，提升时尚度。

系在包包上。女人出门必带包，但是撞包很尴尬，将一条丝巾系在包包上，不仅能避免小尴尬，还能提升你在人群中的品味。

系在手腕上。夏天来临，爱美的女人手腕上总少不了装饰品，丝带就是不可缺少的一件。将丝巾系在手腕上，举手之间，你的手也能灵动起来。

# 巧搭小饰品，也能增加个人气场

饰品，对女人的装饰作用无与伦比。一个不起眼的小饰品，足以让人更添魅力。

### 饰品，女人的好“伙伴”

无论是普通聚会，还是隆重派对、酒会，一对漂亮的耳环、一条夺目的项链、一款精致的手链……都能让女人成为人群中的焦点。

所谓情调，就是用平和而热烈的心境对待某事。这既是一种淡然处世的修养，更是成熟女性的生活方式和处世态度。它与年龄无关，但与饰品密不可分。有魅力的女人，都需要饰品。

百个女人有百种不同的生活方式，通过一件饰品足以看到女人的聪明。有魅力的女人绝不会为了取悦别人而打扮自己，因为她有自己的骄傲与魅力，但她们却会利用这些小东西来增加自己的魅力和身价。

女人与配饰，似乎天生有缘。在食不果腹的远古，女人就开始用骨头、贝壳等小东西来打扮自己。爱美是女人的一种本能，同生存一样重要。对于女人来说，饰品就是她们从骨子里留下来的情结。

不要觉得注重外表打扮很肤浅，对多数初次见面的人来说，能够从你的衣着打扮看出你是什么样的人。用小配饰做点缀，就能成为一个时尚精致的女人。

女人的终身梦想。有魅力的女人会选用一些饰品来装饰自己的生活和心情，她们更知道自己喜欢什么，愿意用一辈子的时间来修养和沉淀。

### 一枚小配饰，却能装饰身体全部位

配饰再美，没有人欣赏，也会黯然失色。对女人而言，配饰是不可或缺的必需品。但身体的不同位置，需要的配饰也不一样。

头部。女人的头饰一般都是发箍，将头发往后梳，露出额头，又不想让头发掉下来，就可以戴个发箍。但是不同年龄段，也要有所选择。比如，有些发箍很花哨、很可爱，职场丽人就不能佩戴，可以戴纯色且比较小的，隐藏在头发里。

耳朵。耳朵是女人最性感的地方之一。耳饰有耳钉、耳坠等，其佩戴要分场合，比如，穿晚礼服，就可以搭配吊坠的耳环；平时，只要戴耳钉即可，珍珠耳钉适合所有的衣服。作为女人，将妆画得很精致，再加上耳环等饰品的点缀，会变得更美，更显优雅飘逸。

脖子。脖子上，可以佩戴的是项链。粗大的金项链，显得俗气，最好不要佩戴。如果喜欢金项链，可以带那种细小的，展现的气质完全不一样；再加个小小的吊坠，会显得更加低调奢华有内涵。

手。手上的饰品一般就是戒指、手链。戒指是有特定意义的，不同的手指代表不同的含义，且不同材质的戒指也会让人感觉不一样；手链的选择比较多，有编制的，有金银的，有佛珠，还有手表。手链饰品需要搭配不同类型的衣服，才会锦上添花。

## 各类饰品的搭配技巧

戴首饰时，必须注意搭配的规则，要尽力让其与服饰协调，比如，要兼顾服装的色彩、质地、款式，努力使其在搭配、风格上般配。这里，就给大家介绍一下各类饰品的佩戴注意事项。

耳环。耳环的选择，要跟脸型相配，比如：圆脸型的女人，应该佩戴垂型耳环；脸型偏长的女人，应该选戴呈圆形耳环；方脸型的女人，适合佩戴小巧玲珑的耳钉或耳坠；尖脸的女人，可以佩戴能增加宽感的耳环，如三角形、大钮型、大圈型等夸张款式。

项链。如果想凸显出项链上的挂件，项链就不要太长太粗；如果想突出项链的美观，就要注意款式，选择花型较好。项链的大小要根据不同的人来定，脖子粗的，尺寸要大；反之，要小。项链的选择还要跟服装的领式配合，颈脖短的女人，可以将衣领开成V形，加强颈项长的感觉，然后再佩戴一条细而长的项链和心形项坠，与V形领相吻合，显得颈长而苗条。

戒指。如果手指比较肥大，就选择起角和不对称的款式；如果手指修长纤指，可以佩戴宽戒指，选择粗线条的，如方戒、钻戒等。

## 包包是魅力女人最贴心的闺蜜

女人出门时，通常都会携带一些女士用品，比如，卫生用品等，不可能像男士一样都拿在手里。包包不仅可以用来存放、保护这些东西，更能凸显女人的造型品味。

包包是女人必须不可少的流行配饰，能展现女人对生活和职业的态度。女人对包的爱恋更是一种难以言表的情感。

### 包包对女人如此重要

对于女人来说，精致的包包到底有多重要？

女人的品位要靠包包来体现。比如，清纯可爱的少女双肩包，可以体现出女孩的单纯天真，以及对美好事物的向往和期盼；美丽的轻熟女单肩包，更能展示女人的成熟与魅力；完全成熟的女人手提包，更能体现生活韵味。

包包是女人社会地位的标志，也是搭配日常服饰的最佳饰品。对女人来说，得到一个包包是件喜悦的事情，也是改变心情的方式。

同样，对于能彰显自己品位的包包，女人也必然是最为挑剔。

包包可以给女人带来安全感。女人出门带包不仅是因为方便，精致的服装穿着，没有适合的包包来搭配，会显得很单调；一个适合的包，能够给女人的穿着锦上添花，给女人带来安全感。

包包能保证女人的基础需求。女人上班或出席重要场合，一定要带包，且要精心搭配。同时，逛街聚会时也离不开包包。包包已然成为女人身体的一部分。

包包是女人的收纳袋。包包里的世界外人无法想象，虽然空间很小，却藏着女人的“造型师”：口红、眉笔、粉饼、香水等都是女人最贴心的伴侣。

## ❀ 了解包包的种类，做出合适的选择

### 1. 包包的种类

职业包。这种包包是上班族使用的综合包，应该足够大，能够放得下 A4 的文件书刊；色彩中性，皮质略坚挺，造型庄重。颜色要素雅一些，不要太过华丽。

出差用包。这种包专供出差或休闲场合用的。夹层多，安全结实，有一定的品质感，最好是可背的，以便腾出手来拉行李箱或拿其他东西。

电脑资料包。这种包包是纯职业类的。出差或外出开会，需要随身携带电脑或大量资料，就要准备一款电脑资料包。职业女性若是手里拎着纸袋和塑料袋，稀里哗啦地赶赴会议现场，实在有失体面。

女人味包。这种包包是公私两用的偏女人味儿设计的包。最好是单肩带式的，私用时放些随身物品，赴约逛街足够应付；如果上班或公出，需要“左背右提”，也不失优雅。

晚宴包。这种包是出席晚会或音乐会等社交场合使用的，小型、精巧、华丽、女性化。

2. 选购出包包的步骤

选购包包的时候，要注意以下几个因素：

重视材料。常见的天然皮革经过大拇指的按压，会出现细密的纹路，等级越好，皮革的弹性和饱满程度也就越好。常见的山羊皮花纹呈现波浪形排列，粗而细；黄牛皮纹路密致，毛孔呈不规则点状排列；猪皮表面较粗糙，花纹通常是三个毛孔一组分布，可硬可软。

重视实用性。购买包包时，不要忽视了包包的实用性。如果你刚刚做了漂亮妈咪，把尿布奶瓶统统塞进一个高贵复古的鳄鱼皮手袋里，会吓倒路人；宽大多袋的彩色牛津布包包，足以让你和宝宝都时尚起来。

重视视觉效果。将包包夹在腋下，从正面视角望去，只能看见其厚度。因此，胸部丰满、腰部较粗圆的女人，就要选择薄而细长的长方形包包；胸部较扁平、身形纤瘦的女人，要选择侧面有厚度的三角形包包。

从性格出发。喜欢休闲运动的女人，可以选择牛津布、石头纹或厚帆布等较“硬”质包包；气质可爱温和的女人，着装一般都会搭配飘逸轻薄的面料，包包的质地也要选择荔枝纹、油蜡皮或镶钻等材质的。

参考个人身高。如果身高在165cm以上，应选择全长约28cm、可竖着装进一本杂志大小的包包；身高在158cm以下，要选择全长约24cm、可横着装进杂志大小的包包，拉长身材比例。

不能忽视了脸型。如果女人的脸立体感强、颧骨较高，就可以选择条纹明朗、带有中性金属风格的个性款式；如果女人的五官小巧、脸型圆润，就要选择带有较多闪亮缀饰的甜美可爱包包。

### 掌握包包的搭配法则

事实证明，挑选、搭配包包的难度远胜于穿衣服，一个女人的品位如何，往往从包包就可以窥见一斑。知道如何选购包包还不够，还要知道如何搭配才行。

#### 1. 数量：尽量只背一个

全身上下只背或提着一个包包，看起来才会干净利落。如果要带的东西很多，必须分装成两包，最好一背一提，也就是一个用背包、一个用手提包。当然，为了显得轻盈活泼，背包和手提包不仅要有大小的区分，还不能使用同一系列的。

#### 2. 配色：可以搭配衣服、皮带、鞋子或丝巾

包包可以和衣服、皮带、鞋子，甚至丝巾互相搭配。

对比色搭配法。包包和衣服是强烈的对比色，是一个非常抢眼的搭配方式。例如：黑色套装 + 红色腰带 + 红色包包 + 黑色高跟鞋。

“中性色+1个点缀色”搭配法。中性色服装配上点缀色包包，会让女人非常出色，例如：驼色洋装+天蓝色包包+驼色高跟鞋。

同色系搭配法。包包和衣服呈同色系深深浅浅的搭配方式，可以营造出典雅的感觉，例如：深咖啡色套装+驼色包包。

跟衣服印花色彩呼应。包包的颜色可以是衣服印花中的一个颜色，例如：橄榄绿底、米黄色、咖啡色印花。

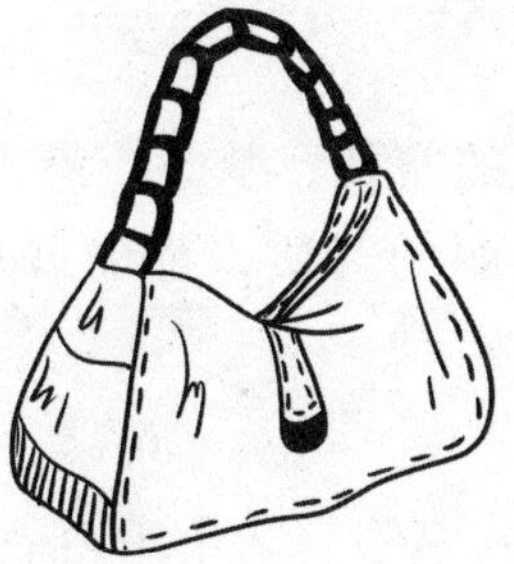

# 爱上高跟鞋，让曼妙姿态由此盛放

在女人的鞋柜里，高跟鞋永远都是最多的一类单鞋。对于高跟鞋的喜爱，女人永远都不会觉得多。穿一双精致的高跟鞋，就能尽显知性女人味。

高跟鞋凝聚着女人的寄托、梦想、魅力和风采，婀娜的腰肢，潇洒、飘逸、文静、美丽的气质，都能展现女人的韵味、修养和魅力。

鞋子也是有生命的，女人要美的清爽、娇而不腻，就不要小看一双高跟鞋的魅力。

## 鞋子也是有生命的

电视剧《欲望都市》中有这样一句台词：“站在高跟鞋上，我可以看到全世界。”最美不过女人的高跟鞋！几厘米的高跟鞋，却能给女人带来不一样的风景。

一双合脚又漂亮的高跟鞋是女人一生的情人。无论风尚如何变化，时光流转，女人对高跟鞋的爱恋不变。

穿上高跟鞋，女人就会显得亭亭玉立、曲线曼妙；穿上高跟鞋，女人就能昂首挺胸、神采飞扬。此时，增加的不仅是高度，还有内心的愉悦和自信。摇曳的身姿，婀娜的舞步，就能走出属于自己的风采。

当高跟鞋与路面碰撞，还会发出“哒 - 哒 - 哒”的美妙之音。这种响动是女人内心情感的一种表达，准确地传达出了女人穿高跟鞋的那种自信。

### 正确选择高跟鞋，既舒适又有女人味

高跟鞋，不仅可以弥补女人身高方面的不足，还能让女人的身材更加挺拔。可是，不适合的高跟鞋，穿起来会非常不舒服，还会出现磨脚的现象。如何才能选出一双适合自己的高跟鞋呢？

鞋跟的高度。有些女人觉得，鞋跟越高，效果越好。其实，一双十几厘米的恨天高，鞋跟确实高，却会给走路带来麻烦，走路的姿势很难看，更别谈气质了。一般来说，多数女人都适合穿鞋跟不超过8cm的鞋子。这个高度非常适中，穿起来也非常舒适，还可以更好地修饰腿型。选择高跟鞋的时候，穿上鞋将脚踮起来，如果鞋跟可以轻松离地，就说明这双鞋比较适合你；如果用尽全力都没有办法垫起来，就要换一双了。

鞋子的类型。对于小脚女人来说，可以选择尖头鞋或方形鞋，起到更好的修饰作用，不会让脚显得更小。如果脚比较大，就选择圆头鞋，会让脚显得更小一些。有些女人的脚面非常低，穿没有鞋带的鞋，就无法撑起来，所以，要选择带有鞋带的高跟鞋，防止在走路的

时候掉鞋。

鞋跟的粗细。鞋跟粗细的选择，要跟身体比例协调。如果身材偏胖，就要选择马蹄跟或坡跟鞋，让鞋子承受住体重。如果身材比较协调，且小腿比较细，可以选择比较细的高跟鞋，让自己的小腿曲线更加突出，提升个人气质，以便将自己的身材衬托得更加完美。

### 高跟鞋怎么搭衣服

高跟鞋穿在脚上，又美又有内涵，当一个爱美的女孩踩上高跟鞋的那一刻，就会无比自信，那气场是平底鞋永远无法给予的。那么，高跟鞋怎么搭衣服？

高跟鞋搭配紧身裙，对爱美的女孩来说早已不是什么新鲜事。这种搭配会展现出一种甜美风格。尖头款式的高跟鞋最具女人味，尤其是细跟的尖头高跟鞋，性感中带着干练，搭一条紧身裙，整体造型绝对会美到炸。

除了紧身裙，高跟鞋还可以跟吊带连衣裙搭配。吊带连衣裙，既有吊带的性感，又有连衣裙的甜美。在炎热的夏季街头，穿一款美丽的吊带连衣裙，搭配一双尖头细跟高跟鞋，整体造型就会显得非常清爽，显得格外靓丽。

高跟鞋搭配短裙更是夏天最常见的组合，清爽的色彩搭配，会为女人注入甜美的活力，既能显得青春活力，又能突显性感的一面。

# 第八章

# 美仪：优雅得体的仪态，才能给人以美的感受

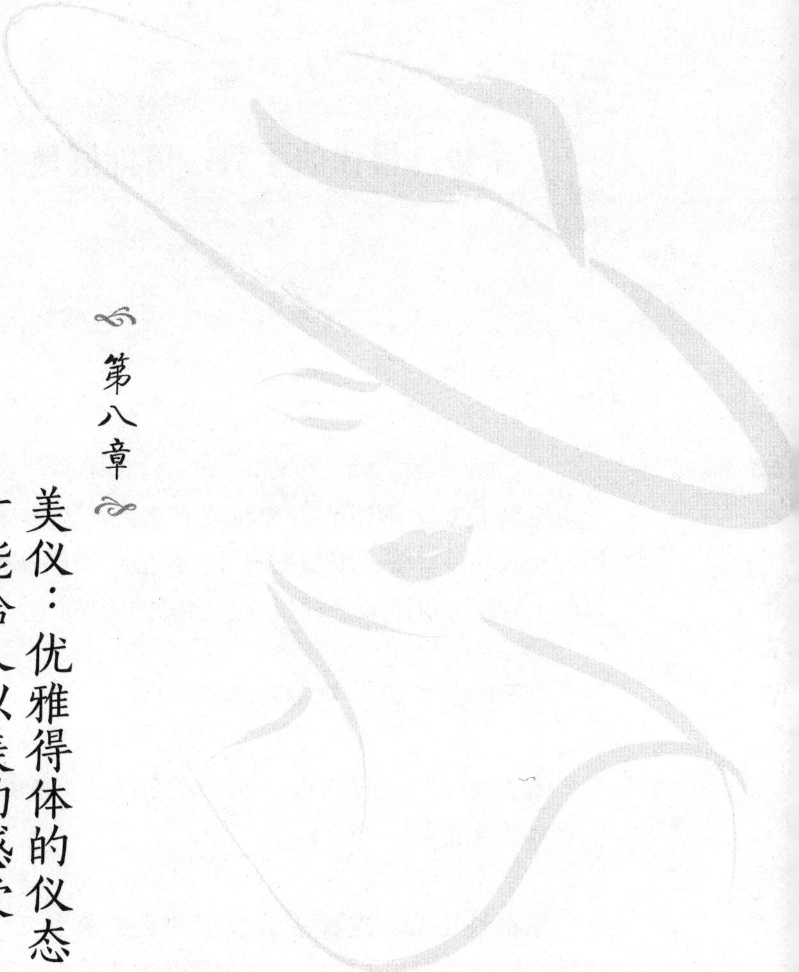

# 手势：得体的手势，更能展现女人魅力

手势是女人常用的一种肢体语言，在人际交往中发挥着重要作用。女人的手势既可以加重语气，还能增强感染力。同时，大方、恰当的手势还可以给人一种肯定、明确的印象。

## ✿ 手势不同，意义也各异

女人如果想让自己的手部动作变得优美起来，就要了解一些关于手势的含义。

象征性手势。这种手势表示的是抽象意义，具有特定的内涵，广泛使用在工作和生活中。这种手势通常是约定俗成的，民族或地域不同，可能会表示不同的含义。比如在中国，跷起大拇指表示的是称赞，有“你真棒，你真厉害”等含义；而在外国则不尽相同。因而，使用这种类型的手势语，要跟地域文化相结合。

指示性的手势。这种类型的手势语通常用来给他人指明方向、地点或某种物体等，可以增加谈话内容的明确性和真切性，便于及时掌握听者的注意力。比如，引导宾客时，应用右手进行指示，正确姿势为：手指自然并拢，且处在同一平面上，与地面呈 45° ，指示正确的方向。

情绪性的手势。情绪性手势语是表达女人情绪的手势语言，是伴随着人的情绪起伏而发出的，常用来强调发言者的某种思想感情、情绪、意向或态度。例如，着急时双手相搓、尴尬时摸后脑勺等。

模拟性手势。与他人交谈时，为了表达某种事物的外形、大小、高低、姿势等形象时所做的动作叫模拟手势。可以使听者如临其境，虽然有点夸张意味，但极富感染力。

### 掌握必要的手势礼仪

注意手势的使用量。女人想要展现自己的修养与内涵，就要注意手势的使用量。人际交往中，过多地使用手势可能会给他人带来装腔作势的感觉，因此，为了给他人留下好的印象，要注意手势使用量，宜少不宜多；同时，使用手势时还要配合面部表情和身体其他部位的动作，才能给他人留下被尊重的感觉。

手势动作要优雅、到位和明确。要想让自己的行为举止优雅，女人不仅要懂得关于手势的基本知识，更应该掌握手势礼仪。比如，使用这些手势时，动作要优雅大方，姿势要完美；想要准确地表达自己的意思，手势要做得标准到位，给他人以明确的指示，避免他人的误解。

### 公共场合克服小动作

公共场合，女人的每一个动作或眼神，都可以成为她身上最亮眼的珠宝，可以让周围的人对她另眼相看，留下美好的形象。一个优雅到极致的女人，无论在任何时候都会注意自己言行，都会按照规范的礼仪来做。相反，不懂礼仪的女人，只能引起他人的厌恶之情。因此，如果想成为一个有魅力的女人，就应保持良好形象。

有些手势代表的是负面意思或不雅动作。人际交往中，女人想要树立良好的个人形象，一定要避免使用不雅手势。

当众挖鼻孔或掏耳朵。有些女人只要双手一闲下来，就会习惯性地用手指、钥匙、牙签、发夹等挖鼻孔或掏耳朵，甚至旁若无人地把清理出的东西随手弹入空中或抹在座位四周。如果这些动作发生在餐厅或茶坊，会影响他人的食欲和心情。女人想要在他人心目中树立良好的形象，就要将卫生清理工作安排在私人空间。

不当使用手机。在公共场合使用手机时，有些女人就像出入无人之境，对着手机大声地喧嚷，唯恐别人听不到。有些女人甚至一抱上手机就是一小时，尽说些无聊的笑话，让周围的人感到厌烦。这些都是不文明的体现，公共场合接打手机时，要控制自己的音量，最好找个没有人的地方接打电话。

当众挠头部皮肤或抖动腿。在公共场合中，一些女人喜欢拨弄自己的长发；有些女人会毫无意识地抖动双腿。这些行为都会让女人的优雅气质大打折扣，如果想彰显自己的个人修养，突显自己的高雅气质，就要克服这些不良习惯。

随地吐痰或乱扔垃圾。吐痰和乱扔垃圾都是不文明的行为，会影响到周围的环境卫生。女人想要在公共场合展现自己的良好修养与气质，就要注意这些生活细节问题。如果要吐痰，可以吐在纸巾中，包好并丢进垃圾箱；如果手中有垃圾，要将其丢入垃圾箱。

当众剪指甲、抠手指头。有些女人喜欢在公共场合修理自己的指甲，或看到自己指甲有不如意的地方，便用另外的手去抠掉。这些行为都会影响自己的形象。想要展现自己完美的形象，就要定期地打理自己的指甲，但不要在公共场合做这件事情。

此外，生活中还有一些不雅的小动作，比如，当众打哈欠、进餐时发出很响的声音等，女人如果想树立完美的形象，就要注意自己的日常习惯，克服不雅小动作，向他人展现出自己优雅自信的一面。

## 坐姿：恰到好处的坐姿，才能衬托女人的柔美

每天，除了睡觉时间，“坐”是女人维持最长时间的一种姿态，不论是工作、休息，还是乘车等，女人基本上都会坐在那里。长时间处于不良坐姿，将会严重影响女人的身体健康。

### 勿让不良坐姿伤害了你

概括起来，不良坐姿的危害性主要体现在下面几个方面：

习惯性跷二郎腿——背部肌肉、韧带拉伤。长期不变的坐姿，特别是跷二郎腿，会给颈部、背部造成持续负荷，继而出现损伤。此外，跷着二郎腿久坐，双腿互相挤压，还会妨碍腿部血液的循环，久而久之，就会引发腿部静脉曲张，严重者会造成腿部血液回流不畅、青筋暴突、溃疡、静脉炎、出血和其他疾病。

托腮斜倚桌面，斜着眼睛看屏幕——偏头痛。斜倚在桌面上盯着屏幕，把听筒夹在肩膀和头之间接听电话，会使颈椎附近的肌肉过分紧张，降低大脑皮层的供血。另外，过高或过低的电脑屏幕，会让女人不自觉地耸肩、驼背，令颈椎也随之变形，容易导致偏头痛。

面部过于向前，贴近电脑屏幕——颈椎僵硬、疼痛。脖子从正面看是直的，其实被肌肉包裹的颈椎却是向前凸出的。长期坐姿不良会让颈部肌肉变形、僵硬，颈椎骨失去了肌肉的支撑，前凸的颈椎就会生理弯曲。

### ❀ 掌握常见规范坐姿

要想打造独特的个人魅力，就要掌握规范的坐姿，并在生活和工作中身体力行。

标准式坐姿：上身挺直，双肩正平，两臂自然弯曲，两手交叉叠放在两腿中部，并靠近小腹。两膝并拢，小腿垂直于地面，两脚尖朝正前方。着裙装的女人入座时，要用双手将裙摆内拢，以防坐出皱纹或因裙子褶皱而使腿部裸露过多。

侧点式坐姿：两小腿向左斜出，两膝并拢，右脚跟靠拢左脚内侧，右脚掌着地，左脚尖着地，头和身躯向左边斜。

侧挂式坐姿：在侧点式基础上，左小腿后屈，脚绷直，脚掌内侧着地，右脚提起，用脚面贴住左脚踝，膝和小腿并拢，上身右转。

重叠式坐姿是：在标准式坐姿的基础上，两腿向前，一条腿提起，放在另一条上面，脚尖向下。

屈直式坐姿：右脚向前伸，左小腿屈回，大腿紧靠，两脚前脚掌着地，保持在一条直线上。

前伸式坐姿：在标准式坐姿的基础上，两脚并拢小腿向前伸，脚尖不要翘起来。

前交叉式坐姿：在前伸式坐姿的基础上，右脚后缩，与左脚交叉，两脚尖着地。

后点式坐姿：小腿后屈，脚尖着地，双膝并拢。

### ❀ 按步骤进行，就是标准坐姿

如何才能做出最标准的坐姿？按照下面的步骤来即可。

走到座位前，转身，轻稳地坐下。

入座时，如果穿的是裙装，就要用手将裙摆稍稍拢一下。

面带笑容，双目平视，嘴唇微闭，微收下颌。

双肩平正放松，两臂自然弯曲放在膝上，也可放在椅子或沙发扶手上。

立腰、挺胸，上体自然挺直。

双膝自然并拢，双腿正放或侧放。

至少坐满椅子的 2/3，脊背轻轻靠在椅背上。

起立时，右脚向后收半步而后起立。

谈话时，可以侧坐，此时上体与腿同时转向一侧。

## 站姿：气质女人的必修课

行走、坐卧和站立是人最基本的姿态，而站立则是日常交往中最基本的仪态，也是气质女人的必修课，是气质女人的基础。对于女人来说，站姿美不美，直接关系到个人的形象是否优雅。

良好的站姿最能体现女人的气质。无论是在社交场合，还是在日常交往中，站姿都是最基本的举止。

### 优雅女人不驼背

站立是静态姿势，是优美仪态的起点。站姿不仅要挺拔，还要优美典雅。

在人际交往中，“站有站相”是对一个人礼仪修养的基本要求，站姿不标准，其他姿势优美也无从谈起。

很多人都喜欢看T台上的模特，因为她们给人的第一印象是漂亮、魅力十足。其实，最重要的是她们在挺胸收腹间不经意间流露出的自信。为了让自己舒服一些，或缺乏自信，很多女性喜欢习惯驼背站立。如果有人提醒你“不要驼背”，相信你多半都会把胸部与腹部凸出来，误以为这样就是抬头挺胸。正确的姿势是，不仅要将双肩向后靠，还要将腹部收起来。其实，只要将双肩向后靠，抬头挺胸收腹，就能显露出你的自信与优雅，尤其是在派对上。因为亭亭玉立的姿态，能让你的身材看起来更高挑、更有气质，也能让你整体造型更显魅力。

## 女人需要掌握的标准站姿

站姿能表现出女人的风度和气质，在工作过程中身躯歪斜、低头弓背、晃动身体等，不仅会影响个人的形象，还会对工作造成负面影响。挺拔、典雅的站姿是一种静态的美，是发展不同质感动态美的起点和基础，因此要想提高个人魅力，就要掌握标准的站立姿势。

### 1. 标准站姿的要求

站立时，头要正，下颌微收，梗颈，肩要平，并微向后张，双肩自然下垂。

站立时，要挺胸收腹，立腰，夹臀前送。在正式的交往场合，双臂在体侧自然下垂，五指并拢，自然微屈，中指压裤缝，或者双手在体前相握，右手放在左手上，置于腹前；在非正式的交往场合，也可以把双手背在身后。

站立时，两腿挺直，两膝并拢，脚跟和靠紧，双脚呈“V”型。

站立时，要正直站好。从正面看，身体的重心线应在两腿中间，并通过脊柱及头部，要防止重心线偏左或偏右。身体重量均匀分布在两个前脚掌。

站立时，表情要自然，眼睛平视，环顾四周，嘴微闭，面带微笑。

2. 常见的站立姿势

日常生活中，有几种站姿是女人可以经常使用的。

身体立直，双手在体前相握，将左手放在右手上，置于腹前，双腿自然并拢，双膝靠紧，两脚跟并拢，两脚呈“V”形或“丁”字形。

身体正直站立，双臂置于身体两侧，双腿自然并拢，双膝靠紧，两脚跟并拢，两脚呈“V”形。

身体立直，双手背在体后，两腿左右开立，两脚间距应比肩宽略窄些。

3. 站姿禁忌

在正式场合，站立的时候，有些小动作是需要避讳的。

不要下意识地做小动作，比如，不由自主地抖腿，用手摆弄头发、手帕、打火机、笔等。

不要将手插在裤袋里，不要将双手交叉抱在胸前或双手叉腰，否则会给人一种拒人千里的感觉。

站立时，不要东倒西歪，不要懒散地倚靠在墙上、桌子上，否则对方会觉得你无精打采、没有精神。

不要将身体的重心明显地移到一侧，只用一条腿支撑着身体，否则会让人觉得你懒懒散散，不值得信赖。

此外，还不能低头、不能歪脖子、不能含胸、不能含肩驼背。

### 标准站姿的取得靠训练

在人群中，优美的站姿是魅力女人最合身的盛装。站姿粗俗无礼，不仅显得过于拘谨，还容易给人造成一种没有自信和缺乏教养的感觉，显得不够庄重。要想让自己的站姿标准一些，平时就要加强训练。

前腹式站姿训练：两腿站直、肌肉略有收缩感，双脚八字步或丁字步；上身正直、头正目平、腰直肩平，双臂自然下垂、挺胸收腹；双手虎口相交叠放于肚脐下三指处，手指直但不要外翘，微收下颌，面带微笑。

侧放式站姿训练：两腿并拢立直，脚掌分开呈“V”型，脚跟靠拢。双臂放松，自然下垂于体侧，虎口向前，手指自然弯曲。

单臂式站姿训练：将两脚打开或成丁字步，工作中最常见的是左臂单臂后背，右手来完成如倒茶、斟酒服务等工作。

腰际式站姿训练：双脚八字步或丁字步，双手虎口相交叠放于腰际，拇指可以顶到肚脐处，手指伸直但不要外翘。

## 走姿：步履间展现女人的动态美

走姿文雅、端庄，不仅给人以沉着、稳重、冷静的感觉，还是展示女人气质与修养的重要形式。

想象一下：身边走过一位美女，肤色白皙、脖颈纤细、双腿修长，结果却拖拖拉拉，一走三顿，你会如何想？可是，如果此人走起路来自带一股精神气，你又会如何感想？

### ❀ 轻松迈出优雅走姿

生活中，优雅的走姿主要有以下几种：

高跟鞋步姿。穿上高跟鞋，女人的胸部会挺起，腹部会内缩，整条腿会向后倾斜，腰部会明显塌下去，臀部自然翘起，小腿也变得饱满起来，脚背曲线圆润。女人的曲线美得以实现，此步态要领是：昂首、挺胸、收腹，上体正直，目视前方，双臂自然摆动，步姿轻盈，以此来显示女人温柔、文静、典雅的窈窕之美。

直线步姿。这种走姿的要求是：行走时，昂首挺胸，收腹直腰，两眼平视，肩平不摇，双臂自然前后摆动，脚尖微向外或向正前伸出，脚跟成一直线；脚尖应向着正前方，脚跟先落地，脚掌紧跟落地；要收腹挺胸，两臂自然摆动，节奏快慢适当，给人一种矫健轻快、从容不迫的动态美。

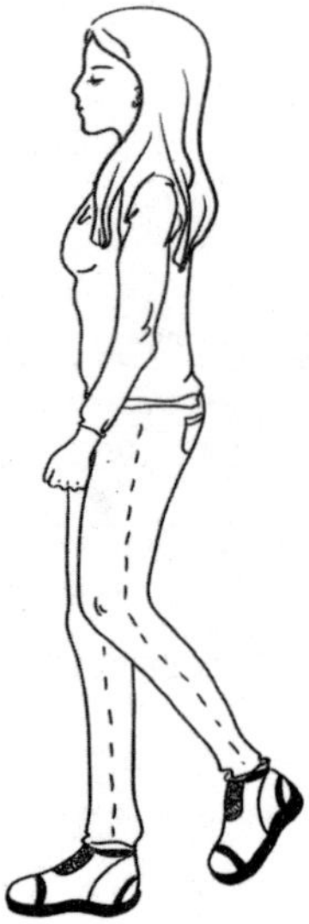

舞台步姿。犹如模特儿的走姿，可以给人以强化其肢体的美感。具体要求如下：两手摆动幅度大，干净利落，脚步具有鲜明节奏感，给人以充满朝气、体态轻盈之感。

### 认真训练，走出优雅步态

优雅不是口号，要真正落地，就要在细节处下功夫，比如：以腰带动脚，重心移动，以腰部为中心；颈要直，双目平视，下颌向内缩，面带微笑；上半身保持正直，腰部后收，两脚平行；膝盖伸直，脚踝自然抬起，两膝盖互相碰触；有节奏地走路，将肩部放松，将手指并拢。

当然，要想让自己的步态优雅起来，也是需要经过不断训练的。

1. 行走辅助训练

摆臂：挺胸收腹，保持基本站姿，在

距离小腹两拳处确定一个点，两手呈半握拳状，斜前方均向此点摆动，由大臂带动小臂。

展膝：保持基本站姿，左脚跟起踵，脚尖不离地面，左脚跟落下时，右脚跟同时起踵，两脚交替进行，脚跟提起的腿屈膝，另一条腿膝部内侧用力绷直。

平衡：行走时，在头上放个小垫子或一小本书，用左右手轮流扶住，掌握平衡后再放下手进行练习。

2. 迈步分解动作练习

保持基本站姿，双手叉腰，左脚前点地，与右脚相距一个脚长，右腿直腿蹬地，髋关节迅速前移重心，呈右后点地，然后换方向练习。

保持基本站姿，两臂体侧自然下垂。左脚前点地时，右臂移至小腹前的指定点位置，左臂向后斜摆，右腿蹬地，重心前移呈后点地时，手臂位置不变，然后换方向练习。

3. 行走连续动作训练

左腿屈膝，向上抬起，提腿向正前方迈出，脚跟先落地，经脚心、前脚掌至全脚落地，同时右脚后跟向上慢慢垫起，身体重心移向左腿。

换右腿屈膝，经过与左腿膝盖内侧摩擦向上抬起，右脚迈出，脚跟先着地，落在左脚前方，两脚间相隔一脚距离。

迈左腿时，右臂在前；迈右腿时，左臂在前。

将以上动作连贯运用，反复练习。

### ❀ 关注自我，走姿更优雅

要想走路优雅起来，就要注意这样几个方面：

女人走路时，要将手部放在身体两侧自然摇摆，幅度不宜过大。如果手上持有物品，应将大包挎在手臂上，小包拎在手上，背包背在肩膀上。

女人走路时，身体不要左右晃动；雨天拿雨伞时，应将雨伞挂钩朝内挂在手臂上。

女人走路时，不要左顾右盼；经过玻璃窗或镜子前，不要停下梳头或补妆；不要三五成群，左推右挤。

女人走路时，上半身不要过于晃动，自然而均匀地向前迈进，不疾不缓，给人如沐春风的感觉。

此外，脚穿高跟鞋，走路时鞋底会发出踢踏声，容易干扰他人，特别是在正式场合以及人较多的地方，走路时都不能发出太大的声响。

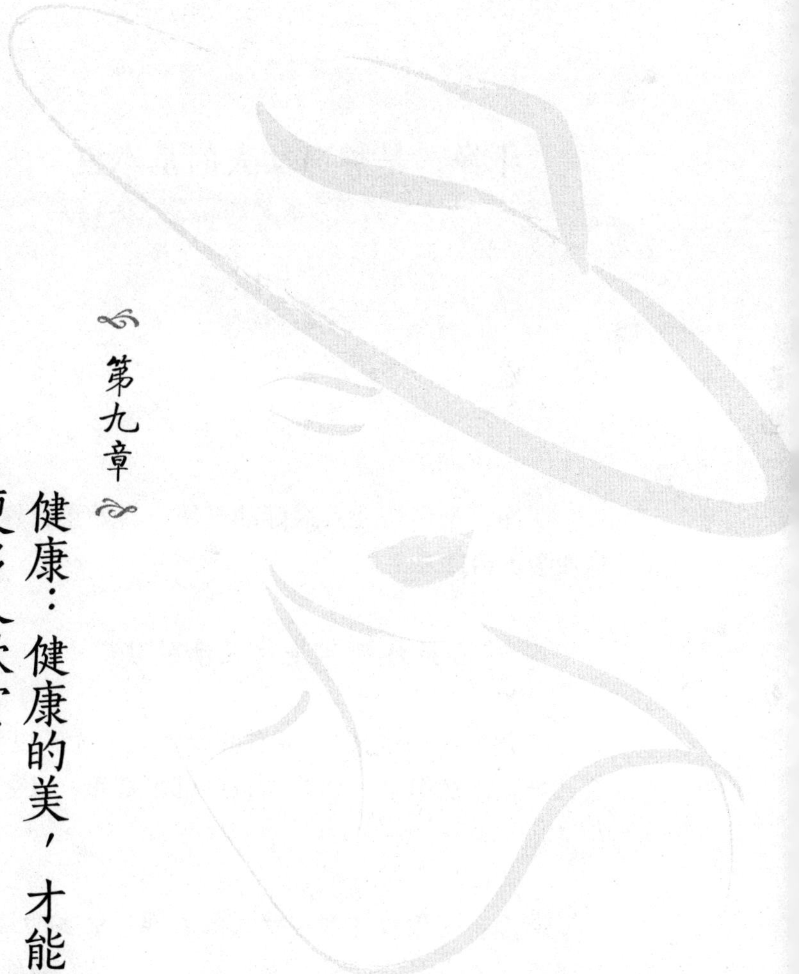

# 第九章

# 健康：健康的美，才能被更多人欣赏

# 干净，是魅力女人的基本色

干净，是一个女人最好的气质。自始至终保持干净，世上的福运便会不请自来。

## 干净的外表，是对生活的尊敬

王尔德曾经说过："只有肤浅的人，才不以貌取人。"女人的仪表，就是她的名片，如果连自己都不尊重，又怎会尊重他人、尊重生活。

干净，不仅仅体现在女人的表面，更多的是女人骨子里对生活的敬意。《菜根谭》中说："贫家净扫地，贫女净梳头，景色虽不艳丽，气度自是风雅。"何谓风雅？风雅就是衣着不论贵贱新旧，都要大方得体；妆容不必刻意粉饰，只要得体耐看。一个真正有内涵的女人，一定是内心从容、气质高雅的。这种女人不论是顺境或困境，是富贵或贫穷，都能过得怡然自得。因为她们知道，干干净净便是一个女人最好的容颜。

## ❀ 爱干净的女人都会重视3个生活场所

每个人都喜欢爱干净的人，尤其是女人，干净的女人总会给人留下好印象。

通常，爱干净的女人一般都异常重视生活中的这几个场所：

厕所。厕所是最能体现女人是否爱干净的地方。仔细观察一个女人的厕所，就能知道她到底是不是一个爱干净的人。爱干净的女人，厕所和马桶都是干净的，垃圾袋也换得勤。一个不爱干净的女人，不仅不会做好厕所清洗，还会闻到一些难闻的味道。

厨房。厨房是女人的战场，最能体现女人是不是勤劳爱干净。有些女人出门虽然衣着整洁给人一种很干净的感觉，可是她家厨房却又脏又乱，碗堆成一堆，吃剩的饭菜没有倒掉，垃圾桶满得快要溢出来……而爱干净的女人，不会容忍自己家的厨房发生这种情况，她们会收拾得很干净。

衣柜。女人的衣柜就是她的一面镜子，能反映出她是否真的爱干净。如果女人真的很爱干净，衣柜里一定是整洁有序的，都是洗好的干净衣服，还会散发一些清香。如果她不爱干净，衣柜里可能就会是乱七八糟堆放的衣服，甚至没洗的脏衣物，打开衣柜，就会闻到一股难闻的脏衣服味。

## ❀ 养成良好的卫生习惯

养成良好卫生习惯可以让身体感觉更舒服，看起来更干净清爽。因此，要想提升个人魅力，就要养成良好的卫生习惯。

清洗和护理头发。洗头太频繁，会洗掉天然油脂，使头发变得干燥，每周用洗发水洗头 2 ～ 3 次即可。具体方法如下：用温水打湿头发。将洗发水倒在手掌，轻轻地抹在头发上，并往下涂抹到发梢。冲掉洗发水，然后涂上护发素。只将护发素涂抹在发梢，不要抹在头皮上。干性发质可以多用一点护发素，油性发质则要少用一点。让护发素在头发上待几分钟，趁这个时候清洁身体，然后把护发素冲干净。如果靠近头皮的头发在一两天后就会很油，就每天或每两天用温和洗发水洗一次头。需要注意的是：选择适合自己的洗发水和护发素，不管是直发还是卷发，发质是干性的还是油性的，市面上都有许多产品可供尝试。

经常更换女性卫生用品。月经期间，可能每天平均需要使用 3 ～ 6 个卫生棉条。经血量大和晚上的时候，要使用带护翼的加长型大容量卫生巾，防止侧漏。根据经血量的多少，大概每 4 ～ 8 小时更换卫生巾或卫生棉条。卫生棉条放在体内的时间不能超过 8 小时，否则会引发中毒性休克综合征。经血不小心弄脏内裤或床单，用冷水冲洗干净，然后立刻放进洗衣机洗。月经期间最好穿深色内裤和衣服，如此即使经血不小心弄脏衣服，也不会太明显。

每天洗两次脸。每天早上和临睡前，用温水和不会刺激皮肤的温和洁面乳洗脸，用指尖将洁面乳抹在皮肤上，面巾或海绵会刺激皮肤。需要注意的是：要用温水冲洗干净，然后用干净的毛巾把皮肤拍干，不要用力搓洗；不要使用有研磨作用或含有酒精的产品，普通肥皂会刺激脸部；如果皮肤脱皮、瘙痒或干燥，可以涂抹脸部保湿霜；如果皮肤容易受刺激或出油，就使用敏感皮肤专用产品；运动或出汗后也要洗脸。

每天或隔天洗一次澡。忙碌了一整天，身体会积累汗水和死皮细胞，容易滋生细菌，引起体臭。女人要每天淋浴或泡澡，用温和的肥皂洗掉污垢，尤其要仔细清洗脚、脸、手、腋下和臀部。运动或出汗后也要再洗一次，保持皮肤干净。当然，不要用肥皂清洁私处，否则会影响私处的天然化学平衡，用温水冲洗就可以了。

勤洗手。女人要勤洗手，尤其是上了洗手间、打喷嚏或咳嗽后，准备或触碰食物之前，以及触碰了很多人摸过的东西之后，比如钱。具体方法如下：用温水打湿双手，抹上肥皂，起泡后揉搓至少 20 秒；不要忽略手腕、指缝和指甲底下；冲洗干净后，用纸巾擦干手，然后用纸巾关掉水龙头。

穿干净的衣服。衣服脏了或出汗了，洗干净再穿。内裤和胸罩要每天换洗，袜子要根据情况换洗，以确保舒适和没有异味。床单一周换一次，如果晚上总是出很多汗，就要更换得更频密。枕套要每周换一次，如果是油性皮肤，就得每 2 ～ 3 天换一次。

生病时也要注意卫生。生病了，一定要保持良好卫生，以免传染给别人，咳嗽或打喷嚏时要捂住嘴巴。如果你呕吐或发烧，那就待在家里休息，远离人群。

# 饮食习惯健康，身体素质就不会差

饮食习惯不健康，不仅会无法果腹，还会对个人的美造成负面影响。

## 健康饮食带给女人的10个好处

压力更小。某些食物能够调节人体内的应激激素（皮质醇）含量，从而减少个人压力。研究显示，富含维生素C、欧米伽3脂肪酸和镁元素的食物，有助于降低皮质醇含量。当人体处于慢性应激状态下，蛋白质就会被分解，食用富含蛋白质的食物（包括鱼肉和乳制品），就能对蛋白质含量进行补充，牵制皮质醇的分泌量。

活得更健康。不健康的饮食，会让女人患上多种慢性疾病，比如，癌症、糖尿病、肥胖症和心脏病等。摄取不到人体所需的蛋白质、维生素和矿物质，肌肉重量就会减轻，而脂肪存储量会增加。研究发现，经常食用卷心菜、花椰菜和甘蓝的女人，绝经后患上乳腺癌的风险较低。

工作更有效。像汽车一样，大脑需要高品质的燃料才能有效运作起来。健康均衡的饮食能够确保大脑工作时所需的燃料，储备更多的能量和提高工作效率。研究发现，忽视了饮食的健康，会让工作效率损失的风险增加66%。心情更舒畅。女人所吃的食物会对大脑功能产生明显影响，比如，一只香蕉含有约10mg的多巴胺，能提升情绪；黑巧克力富含多酚，能促进血清素的生成，能起到缓解抑郁的作用。

皮肤更年轻。健康饮食能改善皮肤的老化，比如，果蔬中含有的大量抗氧化剂，能对皮肤起到保护作用；新鲜浆果中含有的抗氧化剂，能促进胶原蛋白的生成，延缓皮肤的老化。

寿命更长。饮食健康能避免患上多种疾病，延长预期寿命。研究表明：对于70多岁的女人来说，将富含果蔬的饮食与锻炼结合起来，能显著延长寿命。

控制体重。简单而又健康的替代性选择，比如，用水代替汽水，用胡萝卜代替炸薯片，用调和油代替普通油，不仅能减轻体重，还能节省开支。

花钱更少。饮食健康，女人就会少生病，医疗费用也会减少，有更充足的金钱购买更健康的食品，吃得也会更健康，形成一种良性循环。

味道更好。经过精心制备的健康饮食品，尝起来会更美味。

### 健康饮食的主要内容

健康饮食的内容主要包括：

换个小盘子。不管身材是苗条还是肥胖，要想控制食量，最好的办法之一就是缩小餐具尺寸。研究发现，把盘子从 12 英寸缩小到 10 英寸，可以使女人少摄入 22% 的卡路里。晚饭时使用小点的盘子，一个月后可以从饮食中减少 5000 卡路里的摄入。

吃饭要细嚼慢咽。狼吞虎咽，不管消耗了多少卡路里，大脑都会默认这些食物是小吃，下顿饭会吃的更多。多数健康食物都只有一种成分，比如，西兰花、菠菜、蓝莓等，较长的营养成分列表通常意味着更多的糖和盐、更多的人工香料和更多不健康的添加剂。

反复训练你的味蕾。事实证明，饮食偏好主要是因为对某种食物的熟悉。但是，味蕾具有可塑性，女人要尝试接受新的微妙口味。当你从高脂肪、高钠、高糖的食物转变为健康的饮食时，味蕾可能需要一两个星期才能适应，不要指望自己立刻就能爱上新的口味。

每天多花时间准备饭菜。每天花几分钟时间烹饪更有营养的饭菜，对你和家人都有好处。研究认为，自己做一份有益健康的晚饭，比去饭店和叫外卖只会多十分钟，然而后者更容易让我们患上肥胖、糖尿病等。记住，一旦因肥胖、糖尿病和心脏病等而进入医院，会浪费更多的金钱和时间。

每顿饭都要吃水果或蔬菜。不吃水果和蔬菜，营养就会失衡。因此，为了个人的健康，早餐时可以吃半碗燕麦片、浆果和香蕉片。午饭吃一个小点的（或半个）汉堡和两块水果。晚饭，餐盘里至少有 50% 的莴苣、西兰花、芦笋和花椰菜。如此，不仅能保证所需的营养，还能减少脂肪和卡路里的消耗。

有营养的食物不一定贵。有营养的食物，价格不一定都贵，选择得当，有时只要花少量钱，就能获得足够的营养。事实证明，健康的选择还能让女人剩下一笔钱。因此，偶尔可以用黄豆或扁豆来代替肉。在家自己做汉堡，而不是去饭店，既经济又健康。

吃饱之前就停止进食。放慢吃饭速度，吃到8分饱时就不要再吃了。研究表明，只要放慢进食速度，每年就能减下20磅的体重。吃得太饱，会加重胃的负担；同时，过多的营养物质无法吸收，就会转化为脂肪，让人体发胖。

## 女人饮食的健康标准

### 1. 女人健康饮食要牢记四“不”

要想保持健康的饮食，就要关注饮食的搭配，更要注意以下四个方面的忌讳：

不要减少维生素。维生素虽然不能产生热能，却是维持生理功能的重要成分，特别是与脑和神经代谢有关的维生素，如维生素 $B_1$、维生素 $B_6$ 等。这类维生素在糙米、全麦、苜蓿中含量较丰富，要获取这些成分，日常膳食中的粮食就不能太精。另外，抗氧化营养素如β胡萝卜素、维生素C、维生素E，有利于提高工作效率，要想让自己变得更有效率，就要多吃各种新鲜蔬菜和水果，吸收更多的维生素。

不要过多摄入脂肪。有些女人之所以会发胖，一个重要的原因就是平时不忌口，吃得太多，摄入了太多的油腻。脂肪的摄入量标准应为总热能的20%～25%，但目前很多女人已超过30%。脂肪摄入过多，容易导致脂质过氧化物增加，降低活动耐力，影响工作效率。因此，为了防止超重和肥胖，就要控制总热量的摄入，减少脂肪的摄入量，少吃油炸食品。

不可忽视矿物质的供给。月经期，随着血红细胞的丢失，女人还会丢失许多铁、钙和锌等矿物质。因此，在月经期和月经后，应多饮牛奶、豆奶或豆浆等，多摄入钙、镁、锌和铁。

不要忽视氨基酸的供给。如今，很多女人都在职场中拼搏，如果你从事的是脑力劳动，就要保证影响脑神经的氨基酸的供给。脑组织中的游离氨基酸含量以谷氨酸为最高，其次是牛磺酸，再就是天冬氨酸，因此要多吃豆类、芝麻等。

2. 适合女人的最佳饮食

哪些饮食适合女人食用呢?

最佳汤食。很多女人都喜欢喝汤，更喜欢煲汤给家人喝。其实，并不是所有的汤都能满足人体的需求，只有选择合适的汤，才更有利于身体的健康。比如，鸡汤，不仅可以向人体提供大量的优质养分，当人因血压低而无精打采或精神抑郁时，鸡汤还可使疲劳感与坏情绪一扫而光。另外，鸡汤特别是母鸡汤还能防治感冒与支气管炎。

最佳护脑食物。繁忙的工作、紧张的生活、脑力的过度消耗，让众多女性苦不堪言。因此，为了保护我们的大脑，平时就要多吃些护脑食物。研究表明，最佳护脑食物有菠菜、韭菜、南瓜、葱、花椰菜、菜椒、番茄、胡萝卜、小青菜、蒜苗、芹菜，以及核桃、花生、开心果、腰果、松子、杏仁、大豆等干果类食品。

最佳肉食。很多女人都喜欢肉食，但并不是所有的肉食都对女人有益，女人要选择适合自己的肉食来食用。比如，鹅、鸭脂肪虽然不少于畜肉类，但其化学结构接近橄榄油，不仅无害且有益于心脏；鸡肉是蛋白质的最佳来源；兔肉则具有美容减肥的功效。

最佳纠酸食物。缺少纠酸食物，会影响到血液的正常碱度，为了防病强体，就要多吃海带。因为海带是“碱性食物之冠”，每周应吃 3 ～ 4 次，而有甲状腺疾病的人要慎用。

最佳零食。很多女人都喜欢吃零食，办公桌的抽屉里、客厅的茶几上，几乎都摆满了薯片等各类零食。其实，很多零食只能吃着玩，对身体没有好处。最适合女人吃的零食为话梅、葡萄干等，这些零食不仅富含多种维生素和微量元素，其鲜味与营养也能长期保存，热量较低。

3. 提神食品大集合

为了让自己保持清醒，平时要多吃以下食品。

豆类食品。铁质是产生人体能量的主要介质，担负着向人体器官和肌肉输送氧气的重要任务，体内缺乏铁质，就会导致贫血，使人感到头晕乏力。因此，日常要多吃猪肝和瘦肉。同时，赤豆、黑豆或黄豆也能起到补充铁质的作用，还能改善疲惫、无力的状况。

脱脂酸奶。研究表明，多吃含钙丰富的食品，如脱脂酸奶等，可以明显改善缺钙的状况。钙具有缓解肌肉紧张、调节内分泌的作用，每天吃 3 小杯脱脂酸奶或两大杯牛奶，可以减轻腹痛、疲乏、心情烦躁等症状。

菠菜。菠菜中含有女人比较容易缺乏的矿物质镁。镁，可以将肌肉中的碳水化合物转化为可利用的能量，女人每日摄入的镁应不少于 280 毫克。

香蕉。研究表明，钾含量过低会导致肌肉疼痛、心律不齐、反应迟缓等，而吃几根香蕉则可以补充钾的不足。另外，香蕉还含有极易为人体吸收的碳水化合物。

麦片。燕麦片是一种富含纤维的食物，能量释放缓慢而均衡，可以使人体血糖水平一直维持在较高水平，不会很快感到饥饿且能保持精神饱满。

金枪鱼。在高蛋白质的鱼类中，金枪鱼含有丰富的酪氨酸，能够生产更多的大脑神经传递物质，提高女人的专注力，让思维更加敏捷。

草莓。草莓含有丰富的维生素C，有助于人体吸收铁质，让细胞获得滋养，而且热量非常低，因此平时可以多吃些吃草莓。

## 早睡早起，是最好的养生之道

对于女人来说，睡眠非常重要。睡眠时间不能过晚，最好不要超过晚上 11 时。

从晚上 10 时到第二天早上 5 时，是皮肤修复的最佳时间，而睡眠中的修复才有效。入睡时间超过了子夜，即使第二天起得再晚，睡得再长，也会错过皮肤的最佳保养时间。

有魅力的女人会认真规划好自己的作息时间，争取每天都在十点半之前入睡，而不是熬夜刷手机玩通宵。

有魅力的女人不会在工作日赖床迟到，会留出充足的时间梳洗化妆，不会匆匆忙忙地赶去上班。

有魅力的女人懂得营养早餐的重要性，不会草草地吃点干面包了事，而是严格进行荤素搭配，能以最好的状态迎接全新的一天。

### 赖床会给身体带来的伤害

很多女人认为，美颜需要睡，于是只要有睡觉的机会，就躺在床上不起。很多女人则喜欢赖床，尤其是周末，更容易赖在床上不起，理由是：我缺觉，要补！结果，日上三竿，还没有起床的意思。赖床，也是会给身体带来伤害的，比如：

容易导致肥胖。女人长时间躺在床上，没有能量消耗，运动量比较小，再加上不合理的饮食，身体内的热量就容易堆积在体内，尤其是皮下脂肪更容易堆积，很容易长胖。因此，为了不让自己的身材走样，女人最好是不要赖床，醒来后就立刻起床做点事情。

影响一天的精神状态。不管是赖床，还是睡到很晚才起床，都会影响一天的质量效率。在床上躺了一天，起来的时候就是软绵绵的，做什么事情都没有动力，身体活动有被打开，很容易影响一天的效率。

影响肠胃的正常活动。早上起床后，前一天吃的东西基本上都消化得差不多了，这时候就需要补充一些东西。长时间赖在床上，就会影响肠胃的健康，甚至还会导致肠胃疾病的出现。

破坏身体的生物钟。赖床的时候，体内的激素容易出现分泌异常，生活工作不正常，身体的生物钟就容易被扰乱。因此，为了保护自己的生物钟，就要早睡早起。

### 早睡早起对女人的好处

一直以来，早睡早起都是我们提倡的健康作息时间，长期坚持早起对女人有什么好处呢?

缓解焦虑。社会竞争日益激烈，很多女人都觉得时间不够用。早睡早起，不仅能保持身体的健康，还能使女人更好地管理时间。时间充裕了，生活充实了，也就没有多余的时间用来焦虑了。

容光焕发。睡觉可以美容，早睡对皮肤非常有益。女人睡觉时，皮肤毛细血管循环增多，其分泌和清除过程加强，会加快皮肤的再生。黑色素和皱纹很难生成，脸庞更加光滑红润而富有弹性。

精力旺盛。早起者通常起床更快，且头脑更灵活，能够快速投入到注意力要求较高的工作和学习中，也不容易疲劳，精力更旺盛，工作效率更高。

排毒护肝。身体最经不起熬夜，长期坚持早睡早起，身体排毒就顺畅，新陈代谢快，肝脏功能好、心脏好，身体就健康，加上充足的睡眠时间，黑眼圈也会离开你。

快乐感更强。靠闹钟叫几次才能起床，睡眠就会严重不足，刚醒来就会觉得疲倦不堪；睡眠充足的女人，自然醒来，心情一般都会很好。

### 养成早睡早起的习惯

人的脏腑和器官需要在深度睡眠中得到修复，只有脏腑和器官修复得好，才能健康生活，不容易衰老。因此，女人最好在22点之前就进入睡眠状态，养成早起早睡的好习惯。

睡前通过阅读书籍催眠。睡前，阅读一些逻辑性比较强的专业书籍，一般都比较容易犯困，所以为了加快入睡，可以读点这种书。当然，不要阅读言情小说、悬疑推理小说等，这些书容易引人入胜，越读越精神。

睡前 8 小时不喝提神饮料。提神饮料会严重影响女人的睡眠质量。为了保证睡眠质量，对提神饮料非常敏感的女人，不要沾染饮用任何提神饮料，比如：包括茶、咖啡、可乐、维生素功能饮料等。

下午不要睡太多。睡午觉能够补充体力，让女人头脑清爽。但是，午觉时间最好控制在半小时到一小时。不能从下午开始睡觉，更不能一睡就是一下午，否则就会影响夜晚的睡眠质量。

将时钟调快一小时。如果你平时是 23 点睡觉，就将闹钟调快一小时，到了 23 点，就上床睡觉，而此时真正的时间是 22 点。

## 睡眠不足，是伤害女人健康的终极杀手

睡眠，关系到女人的身心健康。睡不好，萎靡不振、提不起神；睡得好，整个人就会容光焕发、活力无限。

### 良好的睡眠对身体的重要性

良好的睡眠，对于女人的身体异常重要。因为足够的睡眠，可以给女人带来如下好处：

有利于减肥。看到自己体重上升和肥胖，很多女人都将其归咎于运动量不够或饮食没注意，却忽视了睡眠。其实，睡眠时间会对瘦素和脑肠肽水平造成影响，瘦素是抑制食欲和促进能源消耗的激素，而脑肠肽则可以刺激食物摄取。睡眠时间短，会降低瘦素水平，提高脑肠肽水平，促进食欲增强，继而增加不必要的能量摄入，让身体慢慢发胖。清醒的时候，就有更多的进食机会，能量摄入也就更多。所以，要想减肥，不仅要关注运动和饮食，更要重视睡眠。

可以抗衰老。良好的深度睡眠，可以在夜晚清除大脑中的“毒蛋白”，防止它们累积并破坏大脑细胞。这种“毒蛋白”叫β淀粉样

蛋白，可能会导致老年痴呆发生。大脑中“毒蛋白”太多，睡眠质量差，记忆力也差。良好的睡眠能促进排毒，睡眠质量差则影响排毒。不管哪个年龄段的女人，优化睡眠都能延缓大脑老化、减少“毒蛋白”对大脑的破坏，从总体上改善女人的健康状态，心理也更健康。

减少起床气。早上，被人掀了被子或被催着起床，有些女人就会脾气暴增，这就是“起床气”。“起床气”通常表现为烦躁、易怒、冲动，甚至会表现为暴力。要想减少“起床气”，可以试着改变睡眠习惯，保证充足睡眠，避免突然强行大声唤醒，可用闹钟、音乐逐步唤醒。

### 用正确的睡姿才健康

我们每天都要睡觉，如果觉没有睡好，就会对健康产生负面影响。睡觉时，正确的睡姿也是非常重要的。

哪种睡姿更健康？一般情况下，睡姿最好为侧卧，仰卧次之，尽量不要俯卧。仰卧时，身体和两腿呈伸展姿势，脊柱肌肉无法完全放松；侧卧时双腿微曲，脊柱略呈弓形，全身肌肉能达到最大的放松；俯卧容易影响呼吸，最好不要。侧卧时，以右侧卧位为最佳。此时心脏和胃肠在上，可以减轻心脏负担，有利于食物在胃肠内运转，有胃炎、消化不良、胃下垂及鼾症的女人尤其适宜右侧卧。

午睡多久最好？入睡半小时后进入深睡眠，正处于中枢神经抑制的阶段，流经脑组织的血液相对减少，人体肌肉放松，体内代谢相对减少。若此刻醒来，大脑皮质的抑制尚未解除，容易出现周身不适、头晕眼花、疲劳不堪等症状。所以午睡不宜过长，以 20 ～ 30 分钟左右为宜。

## ❀ 保持良好睡眠

睡眠对人体有很重要的作用，尤其是睡眠时间和睡眠质量，还直接影响着人体的健康。但是，如何才能有一个高质量地睡眠呢？

调整室内温度。室内温度，会对女人的睡眠质量造成影响，只有温度适宜，才能提高睡眠质量。比如，天气炎热的夏天，开着空调睡觉，不仅不利于深度睡眠，还可能引起感冒等疾病。所以，夏日的夜里最好将空调调到睡眠模式，或打开窗户睡觉，保持室内空气流通。

睡前放松。睡觉之前喜欢玩游戏、看小说等，都会让我们越来越清醒。因此，要想早些睡眠，就要放松自己，既不要过用脑，也不要做比较激烈的运动，可以看些休闲文字或听点轻柔的音乐。

晚上少吃喝。睡觉前，有些女人喜欢吃吃喝喝，美其名曰是“吃夜宵”。其实，如果在这个时间点喝浓茶或咖啡，只能让我们更加兴奋；喝太多的水，还会增加晚上起夜的次数，影响睡眠。因此，要少喝浓茶、咖啡或开水。同时，还不能吃得过饱，否则会影响睡眠质量。

规律睡眠。一般来说，晚上 10 点到凌晨 3 点最有利于体力和脑力的恢复，所以最好处于睡眠中。长期熬夜，不仅不利于事情的解决，还会对身体造成伤害，比如出现皮肤老化等。

环境良好。有些女人喜欢开灯睡觉，如果你也有这种习惯，一定要及时改掉。因为开灯睡觉，会影响睡眠质量。只有在安静的环境中睡觉，才能提高睡眠质量；灯光照射，会对我们造成光刺激，不利于安稳入眠。

体育运动。一般来说，白天如果能够运动两个小时，晚上就相当于吃了两片安眠药。因此，为了促进睡眠，白天就要重视运动，让自己动起来，不要一直都窝在家里。

睡前洗澡。睡前洗个热水澡或用热水泡脚有助于睡眠，但需要注意的一点是，要尽量在睡前两个小时洗澡。

## 特殊时期给自己特别的关爱

很多女人都不愿意提及“大姨妈”这三个字，一方面是因为这是女人的隐私；另一个方面是因为，它对于女人来说，简直就是一种折磨。来“大姨妈”期间，不仅不能吃辛辣刺激等食物，还不能自由玩耍，甚至会下腹绞痛，严重者还会出现晕厥。其实，月经给女人带来的并非痛苦，更多的还是好处，这一时期女性需要给自己特别的关爱。

### 亲爱的“大姨妈”

“大姨妈”对女性身体的影响，主要有以下几个作用：

判断怀孕。对于育龄已婚女人来说，如果月经超过十天以上未来，首先要考虑是否怀孕了。确定妊娠以后，不准备生育的要及时采取补救措施；想生育的，更要加强营养，促进胎儿的生长发育。

促进造血功能。月经可以让机体经常性地失血与造血，使女人的循环系统和造血功能得到锻炼，使女人更经得起意外失血的打击，及时补足所失血液。

预防疾病。通过月经的量、颜色、性质等，可以对身体状况作出判断：月经周期或出血量是否异常，月经前、经期时是否腹痛?

此外，经期会流失掉体内的部分血，可以排掉体内的不干净的血，也能消耗掉体内过度的铁，让自己变得更漂亮。

### 用卫生巾给女人最佳的呵护

月经期间，卫生经是女人的必备。因此，要想让经期健康，就要合理选择和使用卫生巾。

1. 不同人群如何选择卫生巾

外出运动者。内置式卫生棉条是一种置于阴道内的经期卫生巾，可以在体内直接吸收经血，吸收力特强。一旦与经血接触，便会迅速均匀地向四周辐射状膨胀，能防止渗漏，保持体外清洁干爽。因此，外出时，可以选择这种卫生巾。

皮肤敏感者。使用卫生巾不当，会导致过敏、诱发妇科疾病，甚至可能诱发其他并发症，在炎热的夏天这种情况更为严重。皮肤敏感的女人，最好选用棉面的卫生巾，慎用纤维网面的卫生巾。

私处炎症者。药物卫生巾能在一定程度上对经期女人的私处起到保洁作用，但并不能杀菌，患有妇科疾病的女人可以使用，健康的女人就没必要。

月经量多者。月经量多时，可以选择表层有干爽网面漏斗型的卫生巾，使局部皮肤不受潮湿之苦。

2. 使用卫生巾的3大误区

使用卫生巾的时候，要注意以下三个方面的内容：

将卫生巾放在卫生间。卫生间特别潮湿，长时间把卫生巾放在卫生间，很容易潮湿。一旦细菌进入卫生巾，女人使用之后就会造成一些妇科疾病。所以，要尽量将卫生巾放在干净通风的地方。

不注意卫生巾的保质期。卫生巾有保质期，长时间囤积，保质期可能会失效，在无形之中卫生巾也就失去了保护作用，经常使用这种卫生巾可能会影响女人的身体健康。

使用卫生巾前不洗手。月经期间使用卫生巾，一定要前清洗双手，手上如果沾染细菌，就会对卫生巾造成污染，对女人的生殖健康造成负面影响。

### 经期要记住四个要点

为了自己的健康，在月经期间，一定要记住以下四点：

了解并接受月经。受传统思想的教育和影响，许多女人对月经缺乏了解，产生了不必要的恐惧、紧张与害羞等心理。不良心理的持久刺激，容易造成气机紊乱，血行不畅，诱发痛经。因此，为了自身健康，女人应该了解月经，并接受它。

保证充足的睡眠时间。月经期间，女人的免疫力比较弱，抵抗力降低，机体容易疲劳，很多事情不能在月经期做，例如：游泳、体力劳动、剧烈运动等。因此，月经期间，应该要保持充足的睡眠，不要过度疲劳。

贴身衣物尽量选择棉或真丝织品。选购贴身衣物时，不仅要考虑性感与吸引，还要考虑其舒适性和健康性。比如，内裤应选择浅色的，不宜穿太紧的，也不宜穿化纤的。同时，经期不宜穿紧身牛仔裤。

月经期间应保持好心情。科学证明，月经期间保持心情的愉快能让经血流通得比较顺畅，子宫收缩比较正常，离痛经就能远一点。

## 在减肥与健康之中进行平衡

女人都喜欢减肥，可是在追求减肥的过程中，也不能忽视了健康。为了减肥而伤害了身体，就有些得不偿失了。

### ❀ 不正确的减肥，正在毁掉中国女人

不知从什么时候开始，这个世界对胖子充满了恶意。

“要么瘦，要么死。”

“别说胖子没有未来，她们连现在都没有。”

“美丑有命，胖瘦在人。不瘦下来，怎么让前任后悔？让暗恋开口？给现任长脸？”

……

女人对瘦的追求，俨然已经变成一种潮流。因此，越来越多的女人走上了疯狂减肥的不归路。催吐、节食、抽脂、吃减肥药……对

于能够减轻体重的方式无所不试。然而，真正瘦下来并走上人生巅峰的人却寥寥无几，多数人都是先在短时间内暴瘦，而后反弹、反弹、再反弹，穷极一生都在和肥肉做对抗。更有甚者，因为错误的减肥毁掉了自己的身体、丧失了生育能力，甚至丢掉了生命。

举几个例子：

为了减肥，20 岁的大学女生进行了长达 6 年的催吐，结果身高 160cm 的她只有 30 多公斤，每天只能靠输液补充能量。

为了减肥，21 岁的女孩连续一个月不吃晚饭只吃水果，身体不适去医院检查，竟然是糖尿病酮症酸中毒，最后转进了 ICU 重症监护室。

26 岁准新娘为了穿上一席浪漫婚纱，吃减肥药，15 天后猝死。

……

不正确的减肥方式，正在悄悄毁掉女人。

催吐减肥，不仅会损坏消化道，还会引发营养不良的问题，严重的还会引起神经性厌食，甚至造成死亡。

节食减肥，减少的不是脂肪，而是肌肉和水。长期如此，会对身体的消化系统、肝脏等造成极大影响。

减肥药，你永远不知道吃进肚子里的是良方还是毒药。

不健康减肥方式背后的危害，已经被我们多次强调过，但很多女人为什么明明知道这种危害，却还要拼命减肥？因为整个社会主流的审美观倾向于责难肥胖者，使得她们身负一种罪恶感，减肥不是让自己变得更好的一种方式，而是带有一种自我惩罚的心理。

实际上，女人应该好好认识自己，发现喜欢自己的那些部分，让它们发光发亮。不要去追求自己基因里不存在的却被大众定义成“美”的东西，记住：健康的身体才是一切快乐、幸福人生的源泉。

### 正确认识脂肪

为了追求苗条，很多女人会将体内脂肪“除之而后快”。但事实上，脂肪并不是女人身材的累赘，体内储存一定的脂肪量，对于月经来潮以及维持有规律的排卵周期都非常重要。

脂肪组织是雌激素的一个重要的外来源，脂肪组织的量可以直接影响女人的内分泌调节，进而影响月经周期。研究表明，女人在短期内失去 10% ～ 15% 的体重，就会发生月经紊乱或闭经。

如果想减肥，在付诸行动前，要测测自己的体重指数，看看是否有减肥的必要。世界卫生组织认为，体重指数即体重（kg）除以身高（m）的平方，是判断是否肥胖的标准。正常人理想的体重指数应该介于 19 ~ 25，25 ~ 28 为超重，大于等于 28 为肥胖。因此，对于体重指数理想、处于 19 以下已经偏瘦的女人，根本就没必要减肥。即使是超重或肥胖，需要减肥，也要循序渐进，采用科学合理的减肥方法。

整形吸脂手术可以局部减少脂肪达到塑形的效果，但对体重没有太多改变。

## 女人怎样科学减肥

如果实在想减肥，就要采用科学的方法，不能肆意而为。

以饮食控制为主，运动为辅。对减肥来说，饮食控制比运动更重要。尤其是对于女人来说，运动减脂的效果更容易打折扣。也就是说，运动减肥，最好配合饮食控制，单纯运动减肥，效果有限。

减肥可以吃肉。很多女人之所以觉得减肥痛苦，是因为一旦开始减肥，就不再吃肉了。对于那些无肉不欢的女人来说，简直要命。但实际上，如果饮食结构合理，多吃富含蛋白质的瘦肉，更有利于减肥。

保证作息。睡觉的时候，不仅大脑会得到休息，各器官组织以及内分泌腺也能得到充分休息，经常熬夜，作息经常不规律，白天黑夜来回倒，就会对身体造成负面影响。

# 第十章

# 乐活：感受生活，乐享人生

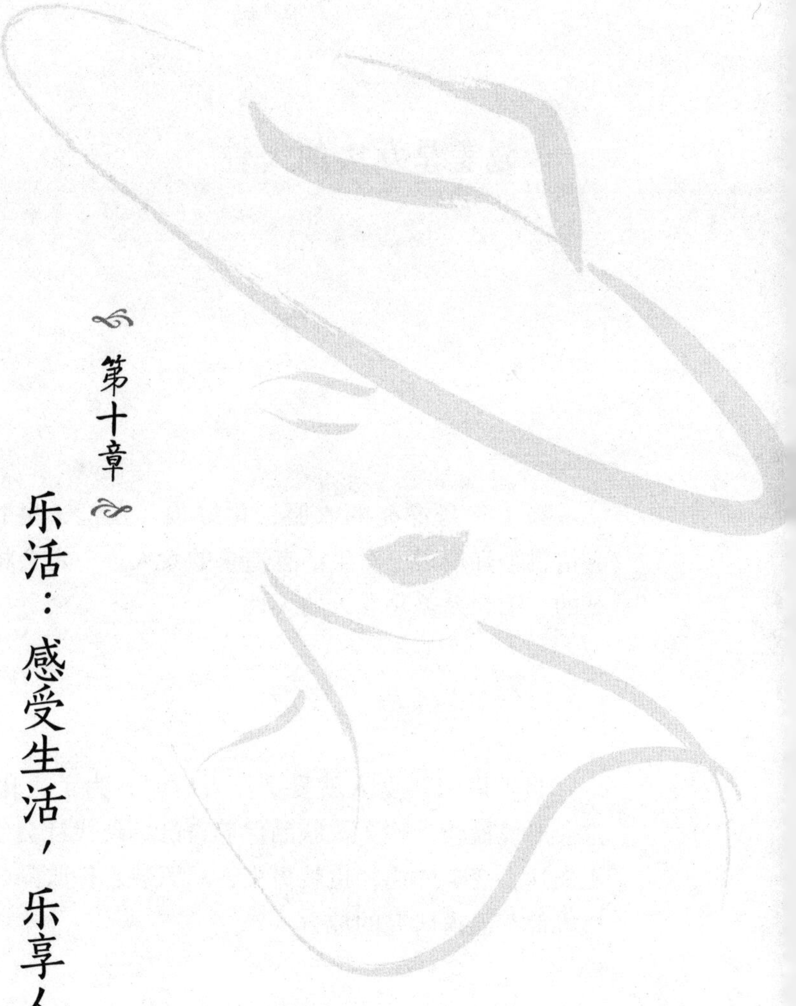

# 爱美是女人的天性

换上一身漂亮的衣服，化好妆，在镜子里看到更漂亮的自己，心情就会好很多。对生活有追求的女人，一定会将自己打扮得漂漂亮亮的。因为爱美是女人的天性。

## 越活越美

自古以来，女人就爱美。古时候，为了美化自己的形象，女人都会对镜梳妆，购买护肤品保养自己。现代社会生活条件提高，科技更发达，变美的途径也就更多，从服装、护肤品，到保养品、生活习惯等都有值得研究的地方。

女人对美丽的东西向来没有抵抗力，每个月都会买几件衣服，在不同季节，甚至还会换不同的款式，不仅满足了自己，有时也能引导时尚潮流。

魅力女人的衣服不需要买太多，只要按照自己的工作、性格、气质等来挑选适合的衣服即可，只不过要更重视衣服的质量和设计。对他们来说，一件好衣服不仅能衬托外貌，还有一定的收藏意义。有些经典服装，即使放上几年也不会影响它的价值。

除了衣服的花销，女人消耗最多的当属护肤品。护肤品系列主要包括水乳精华、眼霜、面霜、防晒和彩妆，仅彩妆就有几十种。护肤品的效果通常都会直接反映在脸上，保养有道的女人不管护肤品价格如何，都会对自己的形象负责，保湿抗衰老取悦自己只是其次，比同龄人看起来更年轻才是女人保养的目的。

除了花钱买衣服买护肤品，女人还会“钻空子”。比如，看电视放松的时候可以做个手膜、敷个面膜，只要花费十几分钟，就可以将这一切轻松搞定。坚持保养，虽然一天两天看不出效果，但时间久了，差别就明显了。聪明的女人会将碎片时间利用起来做有利于自己的事。

要想变得漂亮优雅，既不浪费钱也不浪费时间，只要花点小心思就行。

### 越爱美，越幸福

普天之下，无论男女，都“好色”“爱美”。在爱情与婚姻里，女人不能为了家庭、为了工作，而抛弃自己最美的状态。因为，魅力不仅仅是外表，更体现了女人的内在信念与生活状态。婚姻里，爱美的女人，大多数都过得比别人好。

整天将自己打扮得“美美哒”的女人，会给生活增加很多新鲜感。

有时候，丈夫赴约，会携带妻子。这时候，如果妻子能够将自己打扮得体，更能给丈夫争面子，自己也能更有面子。

## 爱美的女人爱打扮

女人，不要拿工作、婚姻做没时间打理自己借口。贴一张面膜只需要十分钟，化个淡妆十五分钟就可以搞定，三个月里逛一天街就可以购买穿一季的衣服。爱美不会耗费女人多少时间，反而会带来难以预料的惊喜与满足。

爱美之心人皆有之。有些女人天生丽质，长得沉鱼落雁；但有的女人长相平平，属于那种走在人群中看不到的那种。样貌是天生的，长相普通的女人只要细心打扮，依然可以将自己变得漂漂亮亮的。

美容。女人得经常保养自己，才对得起自己的青春。如果条件允许，就到美容院做美容；不然，则可以自己动手，比如，买些面膜、洗面奶和护肤品，给自己做美容。

美发。每隔一段时间，就要去美发店做个适合自己的发型。发型也是改变女人形象的一个重要手段。留有长头发的女人，如果发现发型不衬自己的脸型，就可以把头发剪短，找到更适合自己的发型。

美装。俗话说，人靠衣装。很多女人的衣柜都堆满了衣服。女人可以吃得差一点，但衣服一定要买好一点的，因为好衣装会更提气，提高人们的关注度。

健身。除了打扮，还可以去健身。女人有魅力，身材是关键。抽空做做健身或跳舞，可以让你的身材变好，这也是变美的一种方式。

内在。除了外在打扮，女人也可以通过改善内在美去表现，比如微笑和言语。俗话说，女人不是因为魅力而可爱，是因为可爱而有魅力。爱笑的女人运气总不会差。

# 懂音乐的女人更懂生活

音乐是个神奇的东西，能在不同国界、不同种族、不同人群中流传，大家都能听懂它、接受它、喜欢它。音符虽然只有有限的12个，却可以排列组合成优美动听的旋律，汇成一条永不枯竭的生命之流。从这个意义上来说，在所有艺术种类中，没有哪种艺术比音乐更能直接地表达人的内在情感。

## 音乐，让女人的内心更丰盈

音乐能净化心灵。一首优美的歌曲，能净化人的心灵。比如，音乐《二泉映月》，那如泣如诉的曲调，会让我们浮想联翩："听琴声悠悠，是何人在黄昏后，身背着琴儿沿街走，阵阵秋风，吹动着他的青衫袖，淡淡的月光，石板路上人影瘦……一声低吟一回首，只见月照芦荻洲，琴音绕丛林，琴心在颤抖，声声犹如松风吼，又似泉水匆匆流……"我们的心灵也会更美好、更灵动、更丰富。

音乐能解除烦恼。音乐是驱除悲伤、烦恼的良药。在工作和生活中，总会遇到一些烦恼或烦心事，如果不能自解，就可以听几首歌曲，歌声或激越悠扬，或缠绵悱恻，可以随着哼唱，渐渐地，就能感受到一种前所未有的清静让身心得到亲切的抚慰，烦恼也会忘到九霄云外。

音乐能解除孤独。每个人都有孤独的时候，而在孤独时，只有音乐能真诚地陪伴着我们度过漫长的黑夜。生活中，有时无边的寂寞会莫明其妙地袭上心头，让你产生一种孤独无助的感觉，这时候打开收音机或者音乐 APP，美妙的旋律就能在我们的心头流淌。

音乐能激发身体活力。锻炼身体、跑步时，放几首歌曲，让自己的脚步随着 MP3 里飘出的音乐声律动，一种从未有过的感觉就会充盈全身，周身的细胞都会被激活，心灵也能得到放飞，前进的步伐就能变得轻松起来，即使跑个几千米，也不会感到吃力。

音乐能丰富语言。听音乐还能丰富自己的语言，韵律动听的音乐，搭配优美的歌词，具有诗的韵律，或豪放或激越或缠绵或哀怨或多情……看多了，听多了，自己的语言也会渐渐丰富起来。

音乐能给人灵感。读书或写作的时候，点几首歌曲，歌声就会在空间回荡，袅袅绕梁。曼妙的乐曲会激发出更多的灵感，文字就会伴着音乐如行云流水般地在笔尖流淌，不经意间，一篇文章很快就会诞生了。

音乐能提高对美的欣赏能力。音乐本身就是一种美育，经常沐浴在音乐的熏陶下，对美的欣赏能力就能大大提高，就能更多地感受到自然之美、宇宙之美、人生之美和劳动之美。

音乐能让人亢奋。遇到开心事时，听首音乐，优美的旋律就能将我们卷进激荡亢奋的情绪中，让你激发出奋发向上的热情，促使人自强不息，鼓起直面生活的勇气。

音乐能美化生活。音乐是生活中的美酒，失去了它，人生也就少了诗意和浪漫；有了它，就能感到神清气爽，生活就会一片阳光，我们的内心也变得美好起来。

音乐能修身养性。只有热爱音乐、欣赏音乐的人才能了解音乐的圣洁和美好，经常听音乐的人，气质美丽，内心世界更富饶。

热爱音乐，生活才会变得更美好，生命才能更丰盈。

### ✿ 情绪不同，就要选择不同类型的音乐

音乐能够使人的身体放轻松，轻松的音乐可以缓解压力。心理学研究表明，轻音乐能打开封闭已久的心灵，缓解忧郁苦闷的情绪，还可以起到一定的心理治疗作用。

轻音乐的重要代表就是蓝调。这类音乐的节奏比较低落平稳，欣赏这类音乐时，一般会给人带来平静的情绪。受到较大波动情绪时，听听轻音乐，就能在短时间内得到平复，使人的情绪得到放松。轻音乐的节奏感很弱，速度比较缓慢，在演奏的过程中不会出现较强的波动，律动感较差。大脑接收这类音乐时，产生的神经递质会让人们的情绪得到舒缓，逐步趋于平静。

摇滚乐节奏感较强，人们能够在短时间内受到音乐的影响，并迅速做出反应，在情绪的变化中得到较好的表现。研究发现，人类大脑的活动会受到音乐的影响，而摇滚乐和古典音乐对大脑活动的影响完全不同，古典音乐可以让人变得更加理性，摇滚乐却会让人更加激动。摇滚乐是一种宣泄，欣赏摇滚乐，人们就能获得一种如释重负的超脱感。总之，摇滚乐对人的情绪是有利也有弊。

## ❀ 合适的时间，优美的音乐

音乐的作用如此大，那么什么时候听音乐呢？答案是，任何时间都可以。但是，合理选择时间，会取得最佳欣赏效果，这里大有学问。

每日三餐时，是收听音乐的好时机，但最好不要严肃的、复杂的、大型的作品，可以听听轻音乐。

在工作或学习过程中感觉疲劳了，想调剂一下，可以挑选自己喜爱的音乐，环节工作或学习的紧张。

做家务时，最好挑选一些自己最喜欢的歌曲放送。听着这些歌曲，会情不自禁地跟着哼唱，情绪就会被音乐所感染，家务琐事带来的厌烦枯燥之感也就会远离。

晚饭之后，可以好好地欣赏交响曲、协奏曲，或歌剧、四重奏。这段时间比较集中，大脑的兴奋程度也较强，可以静静地欣赏内容形式都较复杂的音乐。

上床之前，可以收听一些节奏悠缓、旋律柔美、情绪平和的器乐小曲。这时，一天的紧张情绪就会逐渐瓦解，可以轻松进入梦乡。

# 爱旅行的女人更自由

有魅力的女人爱旅行！

## ❀ 爱旅行，更放松

旅游，能够为女人带来不少好处：

健康身心。旅行是去外面的地方，去看不一样的世界。外面的世界可能不会太安逸，所以要有个好身体。经常去旅游，适应和应变能力也会特别强大，心胸也特别开阔，心态也特别好，身心一定会特别健康。

懂得生活。女人从遥远的地方回家，会用纤细的手端起杯子喝茶，坐在阳台上，欣赏错错日落，整理旅行时的点点滴滴。这种女人通常都知道如何去享受生活，能像鲜花一样绚丽绽放。

气质不凡。长时间出去旅行的女人见过很多世面，知道许多地区文化，知道怎么去欣赏好的事物，谈吐文雅，品位独特，这是读万卷书，行万里路才能得到的。

### 爱上旅行，爱上自我

旅行，能让女人遇见更好的自己。在爱旅行的女人身上，更是有数不清的优点。

独立勇敢。爱旅行的女人，都有一颗向往独立自由的心。她们勇往直前，无拘无束，敢于追求属于自己的幸福和美好。心血来潮，或约上三两好友，或独自一人，来一场说走就走的旅行。在明媚的笑容中，是强大的内心，她们足够自信，身上多了许多洒脱。旅行中，会遇到各种各样的问题，但她们也无所畏惧。因为她们知道，每一次旅行都是一次历练。她们不会被困境吓到，而是心怀一份对未知的憧憬，勇敢地寻找更多可能，寻找更好的自己。

生活有情趣。爱旅行的女人，都有一双明亮清澈的眼睛和一颗玲珑剔透的心。她们懂得生活的情趣，善于发现隐藏的美好，能够将平淡的日子过得诗情画意；她们热爱生活，拥抱自然，每到一处，除了欣赏美景风光、感受风土人情，更喜欢品尝当地的特色美食。那些小惊喜、小美好，更能让她们欣喜不已，乐在其中。她们从不自怨自艾，愿意用脚去丈量世界，收集各种浪漫，把生活过得有滋有味。

心态年轻。旅行，能让女人抛开烦恼，放松心情。爱旅行的女人，心态乐观，身上会洋溢一股正能量和年轻的活力。在她们脸上，看不到阴郁伤感，只有满脸的阳光和灿烂笑容。在旅途中，怀揣一份对世界的渴望和好奇，她们会尽情享受新鲜好玩的事物，变得愈发豁然开朗。即使遇到失败和挫折，也无法阻碍她们前进的脚步。这种女人，不管到了什么年纪，都不会变老。

眼界开阔。旅行，是对世界的探索，更是对人生的探寻。见过江河湖海的波澜壮阔，看过山川峻岭的巍峨雄伟，领略过各种地域的文化和风情，就能开阔眼界，拓展思维，变得见多识广。旅行不仅会改变女人的气质，更能让女人的目光变得更加长远。这是旅行给予女人的馈赠，也是女人人生的自我蜕变。只有真正见过世面的女人，才能活得明白，从容淡定地过好一生。

灵魂丰盈。去过不同的地方，看过不同的风景，体验过不同的感动，人生的旅途才会丰富，灵魂才会丰盈。爱旅行的女人，心中都有一种情怀。她们远离喧嚣，听听鸟语，闻闻花香，静静聆听自己的心声，思考未来的人生。

气质优雅。旅行，能让女人在不知不觉中改变心境，提升涵养，由内而外地透露出与众不同的魅力。爱旅行的女人，都有一种有魅力的气质，就像一抹淡淡的花香，飘散在温暖的微风中，迎面拂来，沁人心脾。

新的环境，新的尝试，新的体验，就像一场洗礼，让女人重获新生，不断提升自我，遇见更好的自己。

### ❀ 人生，本就是一场旅行

旅行的理由有很多，比如，开阔视野，享受生活……

旅行的女人越来越多，地球俨然变成了一个小村落，女人独自旅行也就成了一种时尚、潮流和象征，代表了女人的经济独立与热爱自由，让女人的生命出现更多的色彩与质感。

女人旅行，有其特有的路线与风景，有其感性与抒情的一面，她们总能找到合适的地方，然后顾不得吃饭就跑去购物，其疯狂程度不亚于球迷遇见了贝克汉姆。有些女人则会钻进陌生的小街，寻找特色饰品与风味美食……这时候，女人寻求的是一种痛快、自由，酣畅淋漓与无拘无束融合在一起的美妙感觉。

# 小宠物的陪伴，让女人心态更年轻

现代社会，单身的人越来越多，宠物作为人类的朋友，会常伴在主人身边，这也是越来越多的女人喜欢养宠物的原因。

## ❀ 宠物，也是一种心灵伴侣

女人之所以要养宠物，原因不外乎这样几个：

排除寂寞，多一个倾诉对象。有些女子一人在城市打拼，没有亲人、没有朋友、没有恋人，养一个宠物，当作自己的朋友，下班后照顾一下宠物，有事没事带着出去遛一遛。遇到同样带着宠物溜圈的人，还可以聊聊怎么养宠物、怎么照顾宠物……时间长了，即使是两个不相干的人，也会成为朋友。

将宠物当孩子养。有的女人没有男朋友，或结婚了但没要小孩，这时候就可以将宠物当作自己的孩子来养。跟另一半一起照料宠物，还能增强两个人的感情。

多元化的爱好。很多女人喜欢养宠物，即使自己没养宠物，看到别人牵出来的狗狗，有些女人也会冲上去抱起来好好呵护一番。看到别人家的猫咪，有些女人在征得主人同意后也会“撸猫”。女人爱好多元化，且宠物又可爱乖巧，所以越来越多的女人都喜欢养宠物。

### 选择适合自己的宠物

养宠物，可以满足女人对小动物的喜爱之情，还能成为自己的伙伴。但是，打算养一只宠物时，就要考虑很多因素了，比如，价格、卫生、饲养等问题。女人养宠物，可以选择一些小巧可爱的。

猫。猫咪性格文静，是很好的伙伴和朋友。下班回家一推开门，就能看到端坐在地上正在等待你的猫咪；睡觉的时候，猫咪还会陪伴在你的左右。而且，猫咪的喂养非常简单，只要提前备好水和猫粮，以及猫玩具，猫咪都会自娱自乐。虽然当铲屎官辛苦一些，但猫咪却会用独有的温柔温暖你。

金鱼。金鱼是女人喜欢的动物之一，它们不仅漂亮，还非常好养。只需将它们放入鱼缸中即可，不用花太多的心思；只要定期更换水、给他们食物就足够了。关键是，放在家里还很好看，可以用作装饰。一个人在家时，也能感受到有小生命相伴。

仓鼠。仓鼠外观可爱，尤其是吃东西的时候，是当下的热门宠物之一。养育仓鼠，花费非常低，且不需要太大的空间，只要准备一个笼子即可。感到无聊时，就可以把它拿出来挑逗一番。不要担心它的卫生，仓鼠非常干净，很适合女人养。

小型犬。狗是人类的好朋友，最常见且很可爱，是很多女人的首选。狗狗温柔忠诚，当女孩独自一人时，养一只狗陪伴自己，还能提高安全感。只要狗狗小时候训练的好，完全不需要担心它的卫生问题；此外，养小狗的成本也不高。

小乌龟。成本低，寿命长。乌龟的气质很温和，尤其适合女人。只要把它买回家，不用担心生病或死亡。乌龟非常耐饥渴，即使出差很长时间，女人也不必担心没有人喂它而出现问题。

## 青睐花草的女人，生活不会辜负她

喜欢养花的女人，更灵动！

### ❀ 阳台一盆花，亲近你我他

有一个阳台亦或一个小院，种上蔷薇栽上月季，赏花开，看花落，在纷纷扰扰的生活中，就能享受属于自己的花花世界。

做一个有魅力的女人，从养花种菜开始。

即使只有一个花盆，仍然可以打造自己的小天地，春暖花开时，在花盆里撒几粒种子，看着它破土而出，就能感受生命的奇迹。

闲暇时，打理花草，浇水施肥，剪掉老去的叶子，让新芽萌发新叶伸展，让花草舒舒服服地生长，它们会给你更多的回报。

经过一两个月的生长，花草慢慢长大，第一个花苞出现时，盼花的日子就到了。等到某一天，一朵花苞突然展开，仿佛就是一瞬间的事情，生活的烦恼也会被女人抛到脑后，足以温暖女子的心灵。

欣赏每一朵花开，从每一朵花中感悟它们的品性，如菊花的清逸、梅花的傲骨、兰花的淡雅。

在养花的过程中，女人会变得容豁达，宠辱不惊，不会再对一些事耿耿于怀，不回再对一些人耿耿于心。

在养花的过程中，女人变得更加认真用心，更会明白“有付出才有回报”的道理。三天打鱼两天晒网，是养不好花的。

在养花的过程中，女人会变得更加温柔贤惠，为一朵花草遮雨，为一片叶子拭灰，即使是脾气暴躁性格乖戾的女人，也会被花草感动。

在养花的过程中，女人会变得更有情调。生活除了柴米油盐，还有绿叶和花香，爱花的女人定是懂得生活的女人。

在养花的过程中，女人更会懂得生命的珍贵，会善待每一朵花，更会善待每一个人，自己的生活也会处处美好。

### ❀ 养花的女人，爱生活

爱养花的女人，都是懂生活的人，往往更爱生活。

勤快干净。女人能把矮牵牛、六倍利、玛格丽特等养成整整齐齐的花球，也能把家里的每个角落打扫得一尘不染，更能做出色香味俱全的各种美食。跟这种女人在一起，生活时时有惊喜，家里处处都精致，是很多人向往的生活。

大度宽容。女人看惯了花开花落，不会因为一点小事就和他人争吵不休。这种女人喜欢一切美好的事物，对于向往的花园，会投入百分百的精力和热情，扛土、做花架、帮花牵藤，每天都有使不完的劲。

懂得感恩。女人知道，花草拼尽全力才能开出漂亮的花，所以在它开败的时候，要回馈它的默默付出。生活中，邻居、朋友、亲人、爱人等的帮助，女人都会涌泉相报，她们也更容易获得幸福。

心地善良。这种女人爱惜身边的一草一木，别人丢掉的花，她会捡回来救活；不小心掉落的多肉叶片，她会捡起来插活，孕育出新的生命。

温柔细致。女人会轻轻地给吊兰擦拭叶片，会将密密麻麻的小苗一棵一棵分开。同样，对丈夫、对孩子，她们也会关爱有加，家里只要有她在，家人就会感到特别安心、特别温暖。

简单快乐。女人会因为一粒种子的发芽而激动，会为一朵花的盛开而狂喜。爱养花的女人容易满足，她们会珍惜生活所得，不辜负每个生命的美好瞬间。

不惧寂寞。周末，别人都在逛街唱歌打麻将，而有的女人宁愿待在小阳台，给月季剪枝，给多肉扫灰。对她们来说，外面的世界再精彩、再多诱惑，都是浮华。

### 用正确的方法来养育

每个爱美的女人都喜欢花，那么该如何养花呢？

浇水。首先，要了解自己养的花是喜旱还是喜湿。如果喜欢湿润，就要常浇水；如果喜欢干旱，就半个月甚至一个月才浇一次水，否则花会被水淹死。

施肥。花主要是从土壤中吸收营养的，要定期给花施肥，它才能长得茂盛。

松土。适当地给花松土，根部才能从土壤中更好地吸收养分。

光照。有的花喜欢阳光充足的地方，有的花喜欢阴暗潮湿的地方，买花之前一定要了解清楚。

功能。养花之前，要了解哪些花对人体有好处，哪些能帮助净化空气；哪些花可以放在屋内，哪些花可能带有过敏源，应放在卧室外面？

修理枝叶。如果花长的特别茂盛，就要适当地剪掉部分枝叶，留下的枝叶才能充分吸收营养。

# 后记

每个女人都有自身的魅力优势，不必觉得别人比自己美丽、比自己出众，相信自己通过自身修炼，也能成为一道迷人的风景。

当然，外表漂亮与不漂亮不是主要问题。关键是要让自己活得漂亮，活得丰富，活得健康，活得快乐，活得精彩！

有魅力的女人不只是外表的美丽，还要才貌双全、品德兼顾、美在外表、修正内心，举手投足间都透着一种美。

魅力女人更应饱读诗书内外兼修。

有魅力的女人除了有魅力的外表，更该有自己的事业和爱好，热爱工作、热爱生活的女人更有魅力。